Harald Runge
Carl-Stein-Str. 25
Tel. (04821) 78702
2210 I t z e h o e

Zehner, erlegt vom Verfasser in der Brunft 1942 in den Westbeskiden

Werner Roßmäßler

WALD, WILD UND JÄGER

Aus meinem Leben und Wirken für die Jagd

Mit 11 Abbildungen auf Tafeln

Verlag Paul Parey · Hamburg und Berlin

Das Umschlagphoto stellte Manfred M. Schmelzenbach, Hamburg, zur Verfügung, alle übrigen Photos stammen vom Verfasser.

ISBN 3-490-23211-9

 Printed in Germany by C. Beckers Buchdruckerei, Uelzen. Umschlag- und Einbandgestaltung: Jan Buchholz und Reni Hinsch, Hamburg.

Inhalt

Einleitung

Die Liebe zum Wald ist trotz aller Technisierung und Industrialisierung, trotz des Hastens und Jagens um Macht und Geld immer noch im Grunde eines jeden Herzens verwurzelt. Und gerade in der heutigen Zeit, in der man sich zu besinnen beginnt, daß die fortschreitende Zerstörung einer natürlichen Umwelt letzten Endes die Vernichtung der menschlichen Lebensgrundlagen bedeutet, der Mensch langsam einen Weg zurück zur Natur zu finden sucht, die ihm Erholung, Entspannung, neue Kraft für den Kampf ums Dasein geben soll, rückt der Wald wieder mehr ins Bewußtsein der Allgemeinheit. Denn der Wald ist einer der tragenden Pfeiler der Natur, eine Lebensgemeinschaft von Pflanzen und Tieren, wie sie sich – glücklicherweise – immer noch auch in unseren derzeitigen Wirtschaftswäldern darstellt. Bei solcher Ganzheitsbetrachtung des Waldes, die allmählich auch wieder in der Forstwirtschaft Eingang findet, stellt die freilebende Tierwelt, also auch das Wild, einen wesentlichen und untrennbaren Bestandteil solcher Lebensgemeinschaft dar.

Deshalb erwächst dem Forstwirt die besondere Verpflichtung, die Waldbewirtschaftung so zu führen, wie es dieser Lebensgemeinschaft angemessen ist. Der Forstmann ist damit auch zum Vertreter des praktischen Naturschutzes geworden, und zwar eines Naturschutzes nach heutigen Begriffen, nicht mehr als bloße Unterschutzstellung besonders interessanter Gebiete, aussterbender Tier- und Pflanzenarten, sondern Pflege der heimatlichen Landschaft, Erhaltung ihres Charakters, verbunden mit sinn- und zweckvoller Landschaftsgestaltung, wo eine Umformung unseres Lebensraumes notwendig wird. Eine rationelle Agrarwirtschaft braucht deshalb den Grundsätzen des modernen Naturschutzes nicht entgegenzustehen, sie ist vielmehr mit ihnen in Einklang zu bringen, und wer den Wald nicht nur mit gezücktem Rechenstift als Holzfabrik wertet, der mag die Tierwelt des Waldes nicht missen. Eine Trennung von Wald und Wild wäre naturwidrig, weil durch Vernichtung von Bestandteilen der Natur, hier des Wildes, ihre Harmonie insgesamt zerstört würde. Die Tiere des Waldes sind Geschöpfe in der großen Lebensgemeinschaft, die unserer Obhut und Pflege anvertraut sind, die wir nur als Sachwalter zu betreuen und unseren Nachfahren zu erhalten haben. Darum müssen wir alle gegebenen Möglichkeiten ausschöpfen, die Synthese zwischen Wald und Tier zu erhalten und dort, wo sie bereits gestört ist, wieder herzustellen (wie es das Jagdgesetz auch vorschreibt).

Unseren Altvordern war der Wald Heimat der Gottheit und eigene Heimat zugleich. Er bot ihnen Schutz vor Feinden und Naturgewalten, er lieferte das Material für den Bau ihrer Wohnstätten, die Herstellung von Werkzeugen und Waffen, die Unterhaltung des Herdfeuers. Vom Fleisch der Tiere des Waldes ernährten sie sich, deren Felle lieferten die Bekleidung. Darum spielte die Jagd von Anbeginn menschlichen Daseins an die Hauptrolle.

Mit dem Einsetzen der Rodungen von Wald, dem Feldbau und der Viehwirtschaft trat neben die Erlegung von Wild zur Ernährung und Bekleidung die Abwehr des Wildes von den Feldern und die Abwehr der Angriffe des Raubwildes auf den Viehbestand.

Da die Jagd auf wehrhaftes Wild Mut und Kraft erforderte, galt sie als besonders ehrenhaft und wurde allmählich ein Vorrecht der herrschenden Schichten der menschlichen Gesellschaft. Später, im Zeitalter des Absolutismus, entartetete sie immer mehr zu einem höfischen Vergnügen der Grund- und Landesherren oder der sonstigen weltlichen und kirchlichen Würdenträger.

Um dem Jagdvergnügen möglichst ungehemmt frönen zu können, war die Erhaltung der ausgedehnten Waldungen Voraussetzung. Deshalb wurden Rodungsverbote erlassen. Das älteste erging um das Jahr 1100 vom Abt des Klosters Lorsch. Die meisten großen Waldgebiete wurden zu Bannforsten erklärt und der Wildbann über sie verhängt. Wenn auch in den germanischen Ländern bis ins 8. Jahrhundert hinein jeder »Freie« jagen konnte, so wurde bereits unter Karl dem Großen die Jagd zu einem königlichen Recht, einem Regal. In den Bannforsten behielt sich der Landesherr persönlich die hohe Jagd, vornehmlich auf die Hirsche, vor.

Im engeren Heimatbereich des Verfassers, dem heutigen Lande Hessen, bestand als größter Bannforst der Dreieich, welcher den Büdinger Wald auf der Abdachung des Vogelsberges zu Wetterau und Kinzig hin, die Mainebene und nach Süden auch noch die nördlichen Ausläufer des Odenwaldes umfaßte. Nach alter heimatkundlicher Überlieferung mußte der Reichsforstmeister, welcher seinen Sitz in Büdingen hatte, ein weißes Windspiel mit goldenem Halsband auf blauseidenem Kissen für Kaiser Barbarossa bereithalten, wenn dieser zur Jagd auf seiner Pfalz in Gelnhausen weilte.

Andere Bannforste waren der Reinhardswald, die »foresta regia« Karls des Großen, nördlich von Kassel und das hessische Ried, d. h. die Rheinebene von Mannheim bis Mainz, der »Forehahi« des Klosters Lorsch.

Mit der wachsenden Macht der örtlichen Grund- und Lehnsherren ging auch das Jagdrecht im Laufe der Zeit teilweise auf diese über. Ungezügelte Jagdlust führte zur Haltung immer zahlreicherer Wildstände und damit zu großen Wildschäden auf den an sich schon kargen Feldern der leibeigenen Bauern, welche sich dagegen nicht wehren durften. Verzweifelte Notwehrakte oder heutzutage verhältnismäßig gering anmutende Wildfrevel wurden mit schweren Strafen an Leib und Leben geahndet. Damals entstand ein im Bauerntum durch Generationen vererbter Haß gegen alles, was mit Wild und Jagd in Verbindung stand, welcher in den Bauernkriegen 1524/25 zum ersten Ausbruch kam und drei Jahrhunderte später im Zuge der Ereignisse von 1848 fast zur völligen Wildvernichtung führte. In seinem 1849 erschienenen Buch »Die Niederjagd« schreibt Diezel, daß Schwarz-, Rot- und Damwild fast nur noch in Tiergärten, Museen und Bildergalerien zu sehen wären und allein die niedere Jagd uns künftig verbliebe. Diese düstere Prognose des Altmeisters hat sich glücklicherweise nicht bewahrheitet, vielmehr ging die Entwicklung unserer Wildstände trotz mehrfacher Rückschläge andere Wege.

Gegensätze wie zwischen Wild und Landwirtschaft haben mit der Forstwirtschaft nicht bestanden. Wenn auch die ersten Forstordnungen und Rodungsverbote zunächst der Sorge um die Jagdgebiete entsprangen, der Jagd vor einer noch in den Kinderschuhen steckenden Bewirtschaftung des Waldes das unbedingte Primat eingeräumt war, so dienten diese Ge- und Verbote doch letzten Endes der Erhaltung des Waldes, bewahrten ihn vor einem Schicksal, wie es ihm in südlichen und westlichen Ländern Europas bis zur Vernichtung und Verkarstung der Landschaft zuteil wurde. Bei den späteren Forstordnungen, für deren Erlaß allerdings die Sicherung der Nachhaltigkeit der Holznutzungen, also die Besorgnis um eine Holznot, in zunehmendem Maße bestimmend wurde, fielen zwar die jagdlichen Gesichtspunkte auch noch ins Gewicht, aber es ist nun einmal eine feststehende Tatsache, daß ohne den großen Einfluß der Jagd in früheren Zeiten der Wald in Deutschland in seinem heutigen Umfange nicht erhalten geblieben wäre. Deshalb erfordert es die historische Wahrheit, immer wieder klar und deutlich darauf hinzuweisen, daß wir ohne Wild heute nicht mehr den Wald haben würden, wie wir ihn noch besitzen. Die Forstwirtschaft hat darum der Jagd sehr viel zu verdanken.

Dieser Entwicklung entsprechend hat sich auch der im und für den Wald tätige Berufsstand des Forstmannes aus dem früheren Jägerstand herausgebildet. Für den Jagdbetrieb der alten Grundherren und Fürsten war eine Menge Personal erforderlich. Daraus erwuchs mit der Zeit ein eigener Jägerstand, eine regelrechte Zunft mit festen Bräuchen. Hierzu war schon früh ein nicht unbeträchtliches Wissen und Können erforderlich. Die leitenden Stellen, deren Inhaber erhebliches gesellschaftliches Ansehen genossen, waren bevorzugten Kreisen, anfänglich dem dienenden Adel, vorbehalten. Mit der wachsenden Erkenntnis der wirtschaftlichen Bedeutung des Waldes verlagerte sich dann später das Schwergewicht der Tätigkeit des Personals von der Jagd auf die Forstwirtschaft. Aus dem »hirschgerechten Jäger« von einst wurde der »holzgerechte Jäger« und aus diesem erst seit knapp zweihundert Jahren der Berufsforstmann. Darin ist zweifellos auch begründet, daß in Deutschland noch zu unserer Zeit die Jagd zu den Aufgabengebieten der öffentlichen Forstverwaltung zählt im Gegensatz zu vielen anderen Ländern.

Da die Jagdausübung der Forstbeamten auf Grund ihrer Dienststellung heute nicht selten als nicht mehr zeitentsprechende kostenlose dienstliche Vergünstigung angesehen und die Verpachtung der staatlichen Jagden gefordert wird, seien die Aufgaben der staatlichen Verwaltungsjagden hier kurz umrissen. Diese werden oft nicht nur von Laien, sondern auch von Jägern verkannt. Kein staatliches Gemeinwesen dieser Erde, auch – oder schon gar nicht – die kommunistischen diktatorisch regierten Länder, kann und will auf die Möglichkeit verzichten, staats- oder wirtschaftspolitisch bedeutende Persönlichkeiten zu Jagden, insbesondere auf Trophäenwild, einzuladen. Jagdreviere und Beamte zur Führung solcher Gäste müssen also jederzeit verfügbar sein. Die Angehörigen der fremden Stationierungsstreitkräfte in der Bundesrepublik, welche fast ausschließlich die freien Wochenenden zur Jagd ausnutzen, müssen ebenfalls von den Forstbeamten geführt werden.

Diese dienstliche Verpflichtung beruht in Hessen und den anderen Ländern der ehemaligen amerikanischen Besatzungszone auf der deutsch-amerikanischen Jagdvereinbarung vom 10. November 1952, nach welcher den damaligen Besatzungsstreitkräften in den unverpachteten staatlichen Jagden eine Abschußquote von $33^1/_3$ Prozent des männlichen und 25 Prozent des weiblichen Schalenwildes zugestanden werden mußte und die heute noch in Geltung ist! Nur um diesen Preis war die Wiedergewinnung der nach der Kapitulation von 1945 verlorenen deutschen Jagdhoheit erreichbar und damit die Befreiung der privaten Jagdinhaber von der Forderung der Besatzungsmacht auf Beteiligung an deren Jagdausübung. Das sollte ebensowenig übersehen werden wie die Tatsache, daß die Forstbeamten, wenn sie den ganzen Tag mit Büro- und Außenarbeiten forstbetrieblicher Art ausgelastet waren, nicht um 17 Uhr ihre Arbeit niederlegen und wieder am nächsten Tage um 7.30 Uhr erst beginnen können wie andere Beamte, sondern in der Morgen- oder Abenddämmerung noch pflichtgemäß den notwendigen Abschuß solchen Wildes vollziehen müssen, an dem mangels erstrebenswerter Trophäen sonst niemand Interesse hat, daß sie ohne Rücksicht auf Freizeit, Sonn- und Feiertage Jagdgäste – sowohl solche der Regierung als auch diejenigen, welchen gegen Entrichtung eines Jagdbetriebskostenbeitrages Abschüsse abgegeben werden – führen müssen. Die Erbeutung wertvoller Jagdtrophäen ist den mit der Verwaltung der staatlichen Jagden betrauten Beamten nur wenige Male in einem langen Berufsleben, meist erst kurz vor der Pensionierung, beschieden.

Wohl die wichtigste Funktion der Staatsjagden besteht aber in der Regulierung des Wildstandes, einerseits um einer im Interesse der Landeskultur untragbaren Vermehrung des Wildes entgegenzuwirken, andererseits bei drohender allzu starker Reduzierung in bestimmten Gebieten durch Hegemaßnahmen einen Ausgleich zu schaffen. Die Verhältnisse im Lande Hessen als der jagdlichen Heimat des Verfassers mögen an dieser Stelle besonders erwähnt werden. Bereits in einer Arbeitstagung am 23. Februar 1956 in Marburg hatte der Landesjagdverband Hessen eine Entschließung gefaßt, in der die Landesregierung gebeten wurde, die jagdlich mustergültig bewirtschafteten Staatsjagdreviere nicht zum Gegenstand einer allgemeinen Verpachtung zu machen, da unbeschadet der gesetzlichen Abschußregelung für das Schalenwild in allen Jagdbezirken des Landes die staatlichen Verwaltungsjagden angesichts der Größenordnung des Staatswaldes in Hessen mit Rücksicht auf Landeskultur und Erhaltung des Rotwildes als jagdlicher Regulationsfaktor unentbehrlich sind. Immerhin sind trotzdem rund 25 Prozent der Fläche der staatlichen Eigenjagden verpachtet, sofern diese vom Gesichtspunkt der großräumigen jagdlichen Bewirtschaftung her von untergeordneter Bedeutung erscheinen.

Die Jagd stellt im übrigen aber auch einen beachtlichen Wirtschaftsfaktor dar. Schon vor einem Jahrzehnt, im Jagdjahr 1963, belief sich der Wert des in der Bundesrepublik Deutschland erlegten Wildes auf 52 271 700 DM, im Jahre vorher 46 802 700 DM, derjenige der Rotwildstrecke allein 4 357 800 bzw. 4 114 800 DM. Die Einnahmen aus Jagdpachten bezifferten sich auf jährlich rund 65 Millionen DM, aus Jagdsteuern 6,5 Millionen, aus Jagdscheingebühren etwa 10 Millionen. Die Versicherungsgesellschaften nahmen jährlich 4,5 bis 5 Millionen für die Jagdhaftpflichtversicherung ein. Die Kosten für Jagd- und Wildschutz, für Gebrauchshundezucht und -haltung sowie die Umsätze der Jagdwaffen- und Munitionsindustrie, der Jagdbekleidungs- und Ausrüstungsindustrie, für jagdliches Schrifttum waren jährlich mit 90 bis 100 Millionen DM zu veranschlagen. Alle diese Beträge sind der heutigen Preisentwicklung entsprechend höher.

Also abgesehen von der ideellen, ethischen Wertung, die dem

im deutschen Walde in freier Wildbahn lebenden Wilde beigemessen werden muß, hat es – und zwar sowohl unmittelbar als auch mittelbar – einen wirtschaftlichen Wert. Dieser muß deshalb auch bei Wildschadensrechnungen gegengerechnet werden. Das geschieht leider in der Regel nicht, und es ist abwegig und einseitig, wie ein Forstwissenschaftler vor Jahren errechnete, daß ein Hirsch bis zu seiner Erlegung eine fünfstellige Zahl an Kosten verursacht. Ebenso abwegig ist es, wenn Grundstückseigentümer zwar möglichst hohe Jagdpachten zu erzielen versuchen, beim geringsten Wildschaden aber großes Geschrei anheben und Abschuß oder Schadensersatz verlangen. Entweder wird das Jagdausübungsrecht gegen Entgelt verpachtet, dann muß auch Wild vorhanden sein und sich in diesem Revier ernähren können, oder das Revier ist praktisch wildleer, dann wäre es unreell, wenn man ein Recht zur Ausübung der Jagd auf nicht vorhandenes Wild teuer verpachten würde. Wie überall, wo ein Ertrag von einem Wirtschaftsobjekt erwartet wird, sind Gestehungs- oder Werbungskosten auch bei der Jagd aufzuwenden. Das gilt bezüglich des sogenannten Wildschadens für Feld- als auch für Waldreviere, normale Wilddichte vorausgesetzt. Was als »normal« anzusehen ist, läßt sich allerdings generell in absoluten Zahlen nicht ausdrücken und kann je nach Revieren grundverschieden sein. Ausschlaggebend sind die Lebens- und Äsungsverhältnisse. Je günstiger die natürlichen Lebensbedingungen für das Wild gestaltet werden, desto höher kann die Wilddichte sein. Hierbei ist die Betonung auf *»natürliche«* Lebensbedingungen zu legen. In vielen Wirtschaftswäldern hat man sich von der Natur bereits zu weit entfernt: Baum- und Straucharten, die dem Wilde Deckung und Äsung bieten, sind größtenteils als Folge der Wirtschaft verschwunden. Dabei haben es gerade die Forstwirte in der Hand, ohne Beeinträchtigung der Wirtschaftlichkeit des Waldes für das Wild recht viel zu tun. Auf diese Weise sind forstliche und jagdliche Interessen sehr wohl auf einen Nenner zu bringen. Es muß stets das Ziel sein, den Wald so zu gestalten, daß das Wild ausreichende Lebensbedingungen, vor allem natürliche Äsung findet und demzufolge das Verbeißen der Kulturen und Schälen der Bestände unterläßt, möglichst auch vom Felde ferngehalten wird. Solange aber dieses Ziel noch nicht erreicht ist, muß die Zwischenzeit überbrückt werden mit Schutzmaßnahmen und Wildäckern, die zur Zeit noch unerläßlich sind, obwohl sie nicht unbedingt zu den natürlichen Lebensbedingungen zählen.

Sollte es nicht Nachdenken, Mühen und Arbeit lohnen, unserem Walde einen wesentlichen Lebensbereich in Gestalt unseres Wildes zu erhalten? Das wäre angewandter Naturschutz im besten Sinne! Und ist nicht die Erhaltung der ideellen Werte unserer heimatlichen Natur im heutigen materialistischen Zeitalter Aufgabe und Pflicht des Jägers und insbesondere des Forstmannes mehr denn je?

Solches hatte ich während meiner forstlichen Berufstätigkeit stets als Ziel vor Augen. Die eingeschlagenen Wege und Ergebnisse sollen deshalb auf den folgenden Seiten geschildert werden, wie sie sich bei einer Rückschau auf ein mehr als vier Jahrzehnte dauerndes Berufsleben als Forstmann und Jäger darstellen. Aber auch jagdliche Eindrücke und Erinnerungen, wie sie mir noch im Gedächtnis haften geblieben sind, obwohl alle Aufzeichnungen, Schußbücher, Trophäen im Jahre 1945 zerstört wurden. Seitdem sind die Notizen über Wald und Wild, ist ein neues Jagdtagebuch wieder angewachsen. Von den Wänden grüßen – oder mahnen, denn welchem Jäger, sei er so alt und erfahren wie er will, unterlaufen nicht doch hin und wieder Irrtümer – Geweihe von Rot- und Damhirschen, Rehgehörne, Muffelschnecken, Gamskrucken und Keilerwaffen, sogar ein Paar Elchschaufeln. Aber wenn die Gedanken zurückschweifen, dann kommt noch heute die Trauer auf um die verlorene, nach jagdzoologischen Gesichtspunkten geordnete Sammlung von jagdlichen Beutestücken und das sonstige Material für spätere Veröffentlichungen auf forstlichem und jagdlichem Gebiet. Dagegen schulde ich dem Schicksal Dank dafür, daß es mir vergönnt war, während der letzten 12 Jahre meiner aktiven Dienstzeit in der obersten Forst- und Jagdbehörde des Landes Hessen die häufig einander entgegenstehenden Belange von Waldbau und Wildhege, von Forstwirtschaft und Jagd auszugleichen und die angestrebte Synthese von Wald und Wild in die Wege zu leiten.

Kapitel 1 Hessenland

Hessen, sowohl das frühere, das »alte«, ehemals Großherzogtum und später Volksstaat, als auch das nach dem letzten Kriege von der amerikanischen Besatzungsmacht aus dem rechtsrheinischen Hauptteil des Volksstaates und der preußischen Provinz Hessen-Nassau gebildete heutige Bundesland, kann auf eine alte und gediegene jagdliche Tradition zurückblicken. Wenn auch das Territorium des Landes während einer mehr als tausendjährigen Epoche in mannigfaltigster Zersplitterung und Zusammenfügung Gestalt und Herrscher gewechselt hat, die Jagdtradition hat in allen Landesteilen sämtliche dynastischen und politischen Veränderungen überdauert.

Dieses Land ist meine Heimat, die mich jagdlich geprägt und geformt hat. Sie ist es allerdings erst seit 1906, d. h. meinem sechsten Lebensjahr, denn meine Wiege stand im Osten außerhalb des damaligen Deutschen Reiches, in Livland, einer der ehemaligen russischen Ostseeprovinzen. Nach dem Zusammenbruch des Zarenreiches bildete Livland gemeinsam mit Kurland die Republik Lettland. Als während und nach dem von Rußland verlorenen Krieg 1904/05 mit Japan der Aufruhr der Letten gegen die herrschende deutsche Oberschicht solche Formen annahm, daß die russischen Behörden trotz der meinem Vater als Reichsdeutschem zum Schutz seiner Person und Familie zur Verfügung gestellten Dragonerabteilung seine Sicherheit nicht mehr garantieren wollten, verließ meine Familie kurz vor der Jahreswende 1905/06 Livland. Mein Vater war dort als Oberförster – früher die Dienstbezeichnung für den akademisch ausgebildeten Leiter einer forstlichen Betriebseinheit bzw. der staatlichen Lokalforstbehörde – eines größeren Privatwaldbesitzes tätig gewesen. Familienbeziehungen hatten ihn ins Baltenland gezogen, denn bereits seine Mutter war Baltendeutsche aus der früheren Hansestadt Riga, und er selbst hatte auch eine

Baltin, meine Mutter, geheiratet. Außer bruchstückweisen Erinnerungen an unsere Pferde und Hunde sowie einen vom Vater erlegten Elch, einen Schneehasen und einen Seeadler hatte ich als fünfjähriges Kind von dort keine jagdlichen Eindrücke mitbekommen.

Man liest oft, die Jagdpassion sei vererbt, von den Vorfahren überkommen, zumindest überliefert, und gewiß liegen in jedem Lebewesen, sei es Pflanze, Tier, Mensch, bestimmte Anlagen unsichtbar in den Chromosomen seiner Körperzellen verborgen. Die Einwirkungen von außen wecken diese Anlagen, lassen sie in bestimmten Richtungen sich entwickeln und formen somit aus dem Genotyp den Phänotyp, das äußere Erscheinungsbild mit allen spezifischen Eigenschaften. Die Umwelteinflüsse können dabei je nach ihrer Intensität sowohl Erbeigenschaften verstärken und aktivieren als auch überdecken, wie umgekehrt. Diese Naturgesetze sind dem Tier- und Pflanzenzüchter durchaus geläufig. Ich habe ihnen stets besonderes Interesse entgegengebracht, ob als Züchter von Hunden oder während meiner beruflichen Tätigkeit der Forstpflanzenzüchtung. Nach Erreichung der entsprechenden Dienststellung habe ich diese besonders gefördert und der angewandten Forstgenetik im Waldbau in Hessen den Platz zugewiesen, welcher ihrer Bedeutung für die forstliche Praxis entspricht.

Was liegt also näher, als daß ich auch mich selbst auf Erbanlagen zu analysieren versuche. Meine biologischen Interessen, meine Natur- und insbesondere Tierliebe sind zweifellos stark genetisch bedingt. Es war mein Urgroßvater E. A. Roßmäßler, 1829 bis 1849 Professor an der Königlich Sächsischen Forstakademie Tharandt, später naturwissenschaftlicher Volksschriftsteller, der in seinem 1862 herausgegebenen Buch »Der Wald« erstmalig in der Literatur die Auffassung vertreten hat, daß dieser eine Lebensgemeinschaft darstellt, die »unter den Schutz des Wissens Aller zu stellen« sei. In dem 1864 gemeinsam mit A. E. Brehm verfaßten zweibändigen Werk »Die Tiere des Waldes« hat dieser die Wirbeltiere – also auch das Wild –, mein Urgroßvater die wirbellosen Tiere bearbeitet. Daraus ist ersichtlich, daß er zwar passionierter Biologe, aber keineswegs Jäger war, wie denn auch in keiner seiner sonstigen zahlreichen naturwissenschaftlichen Schriften irgend eine Beziehung zur Jagd zu finden ist. Auch mein Vater hat immer betont, daß er im Gegensatz zu vielen anderen Forstleuten nicht auf Grund der Jagdpassion seine Berufswahl getroffen hat, sondern sich erst später – berufsbedingt – mit Jagdfragen und Jagdausübung befassen mußte. Auch von der weiblichen Vorfahrenseite her sind ausgesprochene Jäger nicht bekannt. So muß ich wohl aus alledem schließen, daß es zweifellos weniger Vererbung als die starken Umwelteinflüsse waren, die in mir die jagdlichen Interessen geweckt, gefördert und mich zum Jäger geformt haben.

Im Jahre 1908 übernahm mein Vater eine leitende Stelle in der größten hessischen Privatforstverwaltung. Die Zentrale und zwei Forstämter lagen in der althessischen Provinz Oberhessen, eines im damals preußischen Kurhessen. Er blieb in dieser Stelle bis zu seinem Tode 1940. Ich bin seit meinem achten Lebensjahr dort aufgewachsen. Darum ist dort auch meine echte Heimat. Die jagdlichen Verhältnisse waren sehr günstig. Die inmitten des großen Waldbesitzes gelegenen Gemeindejagden waren als Schutzjagden angepachtet, so daß man praktisch jagen konnte, so weit der Himmel blau war. Damit fing ich schon sehr früh an. Mit 11 Jahren mit einem Dianaluftgewehr auf Spatzen, mit 13 Jahren mit einer 6-mm-Kleinkaliberbüchse für die Randfeuerpatrone long rifle auf Eichelhäher, Krähen, Eichhörnchen, Hermelin. Da meine Eltern auf dem Lande wohnten, umgeben von Gartengrundstücken, Parkflächen und landwirtschaftlich genutztem Gelände, der nächste Wald auch nur fünf Minuten entfernt war, konnte ich mich besonders in den Schulferien nach Herzenslust jagdlich betätigen. Geweckt wurde die Jagdlust, als ich im Alter von zehn Jahren vier Wochen lang in einem streng isolierten Zimmer mit einer schweren Scharlacherkrankung liegen mußte und mir ein Bekannter meiner Eltern eine Anzahl alter Bände der ehemaligen Neudammer »Deutschen Jäger-Zeitung« – wohl wegen der darin befindlichen Bilder – geschickt hatte. Ich las die Hefte von Anfang bis Ende durch, verstand zunächst nur die Hälfte, las sie wieder und bekam dadurch wachsendes Interesse für alles, was mit der Jagd zusammenhing. Außerdem besuchte ich häufig den in der Nähe meines Elternhauses wohnenden alten Förster Jäger, dessen Jagderzählungen, immer mit Ratschlägen und Nutzanwendung, ich stundenlang im Sommer auf dem Balkon, im Winter auf der Ofenbank sitzend zuhörte. Dabei habe ich sehr viel gelernt. Ebenso vor allem auch die biologischen und ökologischen Beziehungen vom Wild zum Walde von meinem Vater, den ich von Kind an gerne auf den langen Überland- und Waldfahrten – damals noch mit Pferden – und Waldgängen begleitete. Dabei durfte ich dann auch meine Kleinkaliberbüchse mitnehmen und gelegentlich eine balzende Ringeltaube anspringen und erlegen. Im Hinblick auf die heute leider nicht seltenen Jagdunfälle wünschte ich jedem Anfänger die strenge Unterweisung in der Führung von Schußwaffen, wie sie mir durch meinen Vater zuteil wurde. Besonders wirksam war die Androhung, mir bei der geringsten Unvorsichtigkeit die Waffe abzunehmen und damit jegliche Jagdausübung zu unterbinden.

Als ich vierzehnjährig erstmals ein Schrotgewehr in die Hand bekam, war es die Büchsflinte meines Vaters, damit ich mit nur einem verfügbaren Schrotschuß sorgfältig umgehen lernte. Man war damals der Ansicht, daß der zweite Schrotschuß den jungen Jäger zur leichtsinnigen Schußabgabe verleiten könnte. So erlegte ich denn auch mein erstes jagdbares Stück Wild, einen Hasen, bei der herbstlichen Suche auf dem Felde.

Die erste Herbsttreibjagd als Schütze durfte ich ebenfalls nur mit der Büchsflinte mitmachen. Dieser Jagdtag ist mir in besonderer Erinnerung geblieben. Es war im Oktober 1915 während des ersten Weltkrieges. Gerade als das erste Treiben, eine Fichtendickung, abgestellt wurde, erklangen von der Kreisstadt im Tale die Glocken. Kaum war das Treiben angeblasen, schnürte ein Fuchs aus der Dickung, um in meinem Schuß zusammenzubrechen. Mir war, als hätten die Glocken für mich geläutet. Wie strahlte der 15 Jahre junge Jäger, als er dann auf dem Hute des zuständigen Revierförsters auf seiner ersten Treibjagd für seinen ersten Fuchs den ersten grünen Bruch entgegennahm!

Zur damaligen Zeit waren in allen hessischen Revieren die Füchse recht zahlreich. Tollwut gab es nicht. Es lagen in Oberhessen bei den herbstlichen Treibjagden regelmäßig am Abend fünf bis zehn Füchse auf der Strecke. Trotzdem war der Niederwildbesatz mindestens so gut wie heute. Rebhühner waren bestimmt viel mehr da, außerdem die jetzt fast nicht mehr bekannten Wachteln. Ich habe selbst einmal eine gelegentlich der Hühnerjagd um 1920 erlegt, weil sie mit einer Kette Rebhühner abstrich und ich sie für ein kümmerndes Junghuhn hielt.

Den größten Anteil an der Strecke der Herbsttreibjagden hatte das Rehwild. Die Böcke wurden zwar bei Pirsch und Ansitz in den Sommermonaten erlegt, einzelne Ricken im Herbst und Winter ebenfalls, die überwiegende Mehrzahl jedoch auf den Treibjagden. Bei diesen wurde auch das Rehwild bis etwa in die Mitte der zwanziger Jahre mit Schrot geschossen. Daß in einem Revier von 400 bis 500 ha Wald nach der einmaligen großen Herbstjagd 25 bis 30 auf der Strecke lagen, war durchaus keine Seltenheit. Böcke – mit Ausnahme bestimmter Treiben und dann nur Sechserböcke – wurden bei diesen Jagden normalerweise nicht freigegeben. Es war aber unvermeidbar, daß trotzdem hin und wieder abgeworfene Böcke, Knopf- und Kitzböcke dabei fielen. Eine Jahresstrecke von 15 Bökken und 25 weiblichen Stücken in einem Revier von 500 ha Waldfläche war durchaus normal, trotzdem blieb der Rehbestand die Jahre hindurch nachhaltig auf gleicher Höhe. Vor Ablauf der sechsjährigen Pachtperiode wurde im letzten Jahr der Abschuß üblicherweise erheblich verstärkt, der Wildstand erholte sich aber danach überraschend schnell wieder. Legt man eine Vermehrungsquote von 100 Prozent des weiblichen Wildes und ein Geschlechterverhältnis von damals 1:2 zugrunde, so ergibt sich bei der Rückrechnung in unserem Beispiel ein Frühjahrsstand von 60 und ein Sommerstand von 100 Stück, wovon 40 Stück entsprechend dem Zuwachs alljährlich geschossen wurden. Ein Frühjahrsstand von 12 und ein Sommerstand von 20 Stück Rehwild je 100 ha Waldfläche mag vielen heute utopisch und forstlich untragbar erscheinen. Das Beispiel ist aber nicht theoretisch konstruiert, sondern entspricht der Wirklichkeit und ist bezogen auf die Verhältnisse in der Privatforstverwaltung, in deren Bereich ich aufgewachsen bin. Deren Försterdienstbezirke umfaßten alle rund 500 ha Wald und wiesen den entsprechenden Rehstand nebst Abschußzahlen auf. Ungünstig beeinflußt hat dieser Wildstand die forstliche Bewirtschaftung nicht. Die erfolgreiche Verjüngungstechnik und die Begründung von Mischbeständen in dieser Verwaltung waren in Fachkreisen weithin bekannt und das wiederholte Ziel von Lehrfahrten der Studierenden der Forstwissenschaft der Universitäten Gießen und München sowie der forstlichen Hochschule Hann. Münden. Die damals bei dem hohen Wildstand begründeten Waldbestände stellen heute ohne wahrnehmbare Jugendbeschädigungen vorzügliche Stangen- oder angehende Baumhölzer dar.

Je mehr man einsah, daß der Schrotschuß auf Rehe nicht als waidgerecht angesehen werden kann, da er zwar bei nahen, gutsitzenden Schüssen das Reh – und dann allerdings schlagartig – tötet, die Gefahr des Krankschießens sonst aber groß ist, hörten die Rehwildtreibjagden auf. Der Wahlabschuß auf der Einzeljagd führte zu keiner qualitativen Verbesserung des Bestandes. Auch die Einführung der Abschußpläne mit dem Inkrafttreten des Reichsjagdgesetzes 1934 auf Grund von – oft problematischen – Wildzählungen blieb hinsichtlich Gehörnbildung und Wilddichte erfolglos. Die Rehwildbestände waren im alten Hessen bis in die Zeit vor dem letzten Kriege einwandfrei höher als heute, die Abschußquote keineswegs niedriger! Ich betone das ausdrücklich, weil es modern geworden ist, die heute angeblich so übersetzten Rehstände und die dadurch verursachten Wildschäden in Wald und Feld in Wort und Schrift ständig herauszustellen und zu dramatisieren. Nun, auch schon früher verbissen die Rehe die Terminalknospen in den Fichtenkulturen, wogegen man wirksame Schmiermittel anwendete und sonst kaum Worte darüber verlor. Trotz der hohen Rehwilddichte sind im übrigen die vor 40 oder 50 Jahren begründeten Fichtenpflanzungen zu recht anständigen geschlossenen Beständen aufgewachsen, wie sich jeder durch Augenschein überzeugen kann. Ich habe das Glück, heute noch in den Revieren die Jagd ausüben zu können, in welchen ich schon vor 50 Jahren gejagt habe.

Ich kenne eine große Zahl der guten Rehreviere, insbesondere in Oberhessen, und könnte eine Menge Beispiele für Vergleiche der Rehwildbestandszahlen früher und heute bringen. Ich will mich aber nur auf eines der besten Reviere beschränken, das ich 1922 kennenlernte und in dem ich 1970 noch einen Rehbock in der Blattzeit erlegte. Es ist dieses das Forstamt Romrod in Oberhessen, früher aufgeteilt in die beiden Forstämter Romrod und Göringen mit dem Sitz in Romrod. Nebenbei bemerkt war das letztgenannte nicht etwa nach dem ehemaligen Reichsjägermeister Hermann Göring benannt, wie seinerzeit übereifrige Nazis glaubten, sondern nach einem im Dreißigjährigen Kriege zerstörten Dorf Göringen. Der Göringer Grund wird durchquert von der Bundesstraße Alsfeld – Gießen, die heute nicht stärker befahren ist als damals, eher im Gegenteil. Stellte sie damals die einzige direkte Verkehrsverbindung zwischen den genannten Städten dar, so wird sie heute nur noch durch den örtlichen Kraftfahrzeugverkehr in Anspruch genommen, während der motorisierte Durchgangsverkehr von der gegen Ende der dreißiger Jahre erbauten Autobahn Kassel – Alsfeld – Gießen – Frankfurt aufgenommen worden ist. Fuhr man vor 30 bis 50 Jahren auf der erwähnten Bundesstraße, dann sah man im Göringer Grund zu jeder Tageszeit ein paar Stück Rehwild. Heute steht, wenn man Glück hat, gegen Abend ein Stück am Waldrande. Während es früher gar kein Problem war, beim Befahren der Forststraßen im Romröder Wald am ersten Nachmittag einen Rehbock zu erlegen – sofern man natürlich sich nicht auf einen ganz bestimmten festgelegt hatte –, so muß man heute schon mindestens zwei volle Tage für einen Jagdaufenthalt im jetzigen Forstamt Romrod vorsehen. Übrigens waren die Forstämter Romrod und Göringen noch bis ca. 1933 großherzogliche Hofjagdreviere. Bei der Vermögensauseinandersetzung des Großherzogs mit dem Volksstaat Hessen nach seiner Abdankung 1918 war ihm die Jagdnutzung dort zugestanden worden.

So wie für Romrod beschrieben, ergibt der Vergleich zwischen der Rehwilddichte damals und jetzt dasselbe Verhältnis auch anderswo. Es mag vielleicht auch in Hessen noch das eine oder andere Revier mit sehr hohem Rehwildstand geben; bekannt ist mir allerdings keines, obwohl ich zwölf Jahre bis 1965 neben dem Waldbaureferat im damaligen Ministerium für Landwirtschaft und Forsten in Wiesbaden auch das Jagdreferat und die Geschäfte der Obersten Landesjagdbehörde sowie der Obersten Naturschutzbehörde führte. Da auch die Forsteinrichtung zum Waldbaureferat gehörte, habe ich jedes hessische Forstamt sowohl des alten als auch des größeren neuen Hessen anläßlich der Forsteinrichtungsschlußbereisungen kennengelernt. Wenn die Rehstände so hoch wären, wie immer wieder behauptet wird, dann hätten die Teilnehmer an diesen Bereisungen – zum Teil keine Jäger – bei den stundenlangen Waldbegehungen nicht nur mehrfach Rehwild sehen müssen, sondern verbissene Kulturen oder Naturverjüngungen wären ihnen bestimmt nicht entgangen und registriert worden.

Bis 1945 habe ich immer gesagt, daß ich wegen eines Rehbockes nicht vor Tau und Tag aufstehe – das bliebe dem Hirsch, dem Auer- und Birkhahn vorbehalten –, sondern, daß man seine Böcke viel bequemer vor- oder spätnachmittags antrifft. Das war schon gleich bei meinem ersten Rehbock der Fall. Nach meiner Versetzung in die Unterprima wurde mir ein Bock freigegeben. Damals wurden Jungjäger noch bescheiden gehalten. Dann freuten sie sich über eine solche Erlaubnis um so mehr. Da ich einen guten Sechser erlegen sollte, der erst am Ende der Blattzeit fallen durfte, und es in dieser Zeit aus irgendwelchen Gründen nicht klappte, blieb nur noch der Frühherbst als einigermaßen aussichtsreich übrig. Am 17. September 1916 war es soweit. Weil die Großherzogin von Hessen an diesem Tage Geburtstag hatte, war schulfrei ohne Schulfeier, weswegen dieser Geburtstag bei Lehrern und Schülern gleichermaßen beliebt war. Mein Vater ging mit mir in den nahe beim Hause gelegenen Wald, es war gegen 10 Uhr vormittags. Gleich auf dem ersten, im Frühjahr mit Fichten wieder kultivierten Fichtenkahlschlag stand etwa 80 Schritt entfernt ein Bock, ein guter älterer Sechser. Auf den Schuß sank er in der Fährte zusammen, sofort verendet. Das 9,3-mm-Bleigeschoß hatte das Herz in der Mitte aufgespalten. Wie gern brach ich meinen ersten Rehbock auf und trug ihn nach Hause, stolz am Hute den vom Vater überreichten grünen Fichtenbruch! Selbstverständlich schoß so ein junger Jäger damals ohne Zielfernrohr freihändig. Mein erstes Zielfernrohr ließ ich mir erst zehn Jahre später auf die Büchse montieren, als ich als Forstassessor in Pommern Jagdgelegenheit auf Hochwild hatte.

Im Herbst des gleichen Jahres folgte dann schon bei einer Treibjagd ein weiterer guter Sechser und dann diesen beiden in den späteren Jahren noch viele andere. Unter den bis zum zweiten Kriege erlegten 106 Stück ist kaum einer, der am frühen Morgen erlegt wurde, dagegen viele am Vormittag. Nach dem Kriege wurde das anders. Das weniger gewordene Rehwild ist wegen der vielen Menschen, die heutzutage in allen Wäldern – ob auf gesperrten oder erlaubten Wegen – umherfahren und gehen, so heimlich geworden, daß man es in den allermeisten Revieren nur noch ganz früh morgens zu Gesicht bekommt. Man mag das vom Standpunkt des Jägers aus bedauern, ändern wird man es nicht mehr. Denn zu den beiden altbekannten Funktionen des Waldes, Rohholzproduktion für die Wirtschaft und die sogenannten Wohlfahrtswirkungen, wie Steuerung und Regulierung von Klima- und Witterungseinflüssen, Wasserhaushalt, Reinhaltung von Luft und Wasser, Verhinderung der Boden- und Winderosion, ist in der heutigen Zeit seine Sozialfunktion immer mehr hervorgetreten.

Seine Bedeutung als Erholungsfaktor für die Bevölkerung, insbesondere der industriellen Ballungsgebiete und Großstädte, ebenso wie die vom Gesichtspunkt des Umweltschutzes aus sehr bedauerliche und bedenklich zunehmende Ansiedlung von Industrieanlagen in bisher ländlichen Gegenden rückt diese Erholungsfunktion immer mehr in den Vordergrund. Die Erschwerung der Jagdausübung und die Beeinträchtigung des Lebensraumes der freilebenden Tierwelt und damit auch des Wildes als unausbleibliche Folge hiervon sind nur noch aufzuhalten durch planmäßige Verbesserung der Lebensbedingungen für das Wild, Schaffung von Wildschutzgebieten und Lenkung der den Wald aufsuchenden Menschenmassen mittels Naturparkeinrichtungen.

Eine Erfindung der Neuzeit ist die Sozialbindung des Waldes allerdings nicht. Bereits zu meiner Studienzeit wurden die angehenden Forstleute im Fach »Forstästhetik« ausgebildet. Im Staatsexamen für den höheren hessischen Forstdienst wurde es sogar schriftlich geprüft. Ich selbst habe in meinem Assessorexamen Ende 1924 eine Klausur über dieses Thema geschrieben. An der Universität Gießen, der ältesten forstakademischen Lehrstätte Deutschlands bis zur Aufhebung ihrer forstlichen Lehrstühle unter der nationalsozialistischen Herrschaft, lehrte uns zur Zeit meines Studiums gleich nach dem ersten Weltkrieg der damalige Ordinarius für Forstpolitik, Professor Dr. Heinrich Wilhelm Weber, neben der Wirtschaftsfunktion des Waldes sehr eindringlich auch seine Schutz- und Sozialfunktion zu beachten. Obwohl Nichtjäger, maß er dabei dem Wild seine Bedeutung als Teil der freilebenden Tierwelt bei.

Und Professor Dr. Wilhelm Borgmann, der scharf rechnende Bodenreinerträgler, welcher uns immer wieder den Preßlerschen Satz »rechnen ist der Wirtschaft Seele und die Zahl ihr letzter Beweis« einprägte, hat weder dem Wild seine Existenzberechtigung abzusprechen versucht noch durch Wildschadensberechnungen in Millionenhöhe, mit denen in der Jagdpresse ausgerechnet der Leiter eines deutschen Nationalparkes Rot- und Rehwild belastete, in Frage gestellt. Er hat uns vielmehr gelehrt, den ideellen und materiellen Wert von Wild und Jagd dagegen abzuwägen und aufzurechnen. Die Universität Gießen hatte zur praktischen jagdlichen Ausbildung ihrer Studierenden der Forstwissenschaft einen Jagdbezirk gepachtet. Wenn die Studenten hier die Jagd in Anwesenheit des für dieses Lehrfach zuständigen Dozenten ausübten, bedurften sie keines Jagdscheines.

Nach bestandenem Abitur im Frühjahr 1918 schenkte mir mein Vater den ersten Jahresjagdschein. Die Ausstellung eines solchen gegen eine Gebühr von 30,– Mark, in Hessen früher »Jagdwaffenpaß« genannt, oblag dem Kreisamt. Dieses war die untere Verwaltungsbehörde eines Kreises, dem heutigen Landratsamt entsprechend. Verwaltungsmäßig stand das Kreisamt auf der gleichen Stufe wie die anderen Lokalbehörden, also auch das staatliche Forstamt. Der Behördenleiter war »Kreisrat«, später »Kreisdirektor«, ein vollakademisch ausgebildeter Verwaltungsjurist, Staatsbeamter, in seinen Amtshandlungen durch Rücksichten auf Wähler, politische Parteien und sonstiges unbeeinflußt.

Nun hatte ich vorher die Jagd aber nicht etwa illegal ohne Jagdschein ausgeübt. Das hätte mein Vater als zuständiger Jagdpolizeibeamter schon gar nicht gestattet, vielmehr bestand dafür durchaus eine gesetzliche Grundlage. Seit 1811 war das Großherzogtum lückenlos in Forstämter (früher Oberförstereien genannt) aufgeteilt, so daß jede Gemarkung, einerlei ob sie bewaldet war oder nicht, einem Forstamtsbezirk zugehörte. In diesem Bezirk war das Forstamt nicht nur untere Forstbehörde, sondern es war die allgemein zuständige Forst-, Jagd- und Fischereipolizeibehörde. Mit der nationalsozialistischen Machtübernahme wurde die Jagd- und Fischereipolizei später dem Landrat übertragen. Die Gesamtwaldfläche des damaligen Hessen betrug 240 000 ha. Davon entfielen 31 Prozent, d. h. 74 400 ha, auf den Staats- und 37 Prozent, d. h. rund 89 000 ha, auf den fast ganz im Gemeindeeigentum stehenden Körperschaftswald. Die Waldungen dieser beiden Besitzarten wurden kraft

Gesetzes durch die staatlichen Forstämter bewirtschaftet. Rund 75 000 ha Privatwald nahmen 32 Prozent der Waldfläche ein und standen unter der Aufsicht der zuständigen Staatsforstämter hinsichtlich des gesetzlichen Rodungsverbotes und Aufforstungsgebotes. Zu diesem Zweck wurden sie im Waldkataster der Forstämter geführt. 22 Prozent der Landeswaldfläche, d. h. rund 52 000 ha oder ca. zwei Drittel der Privatwaldfläche, war mit Sonderrechten ausgestatteter Großprivatwald. Dessen leitende Forstbedienstete, sofern diese eine Berufsausbildung nachweisen konnten, welche derjenigen der staatlichen Forstverwaltungsbeamten gleichwertig war, und entsprechende Dienststellungen innehatten, übten laut Gesetz für ihre Dienstbezirke die Forst-, Jagd- und Fischereipolizei aus. Für meine bisherige Jagdausübung ohne einen persönlich ausgestellten Jagdschein – allerdings nur in den meinem Vater unterstehenden Jagden, welche ich bis dahin aber auch nur bejagt hatte – bestand eine, meines Wissens spezifisch hessische, Regelung in Gestalt des »Jagdwaffenpasses auf Inhaber«. Jeder Eigentümer oder Pächter einer in Hessen gelegenen Jagd konnte neben seinem persönlichen Jagdschein zusätzlich für ebenfalls 30,– Mark Gebühr einen solchen Inhaberpaß lösen und ihn an Jagdgäste abgeben, welche nur in seiner Gesellschaft jagen durften. Von dieser Einrichtung wurde reger Gebrauch gemacht, denn vor dem Reichsjagdgesetz galt der Jagdschein eines deutschen Bundeslandes nur für dieses. Ein Nichthesse hätte in jedem Falle zur vorübergehenden Jagdausübung in Hessen einen hessischen Jagdschein lösen müssen, wenn es diese Inhaberpässe nicht gegeben hätte. Umgekehrt mußte man bei einem Besuch im anderen Bundesland sich einen dortigen Jagdschein ausstellen lassen. Ich selbst hatte zeitweilig drei Jagdscheine in der Tasche: meinen hessischen, einen preußischen und einen für Mecklenburg-Strelitz. Die hessischen Forstbediensteten, auch die in Privatforsten angestellten, erhielten auf Bescheinigung der zuständigen Forstbehörde unentgeltliche Jagdpässe für die Dauer ihrer Dienstzeit. Diese Dienstpässe galten für die Jagdausübung im ganzen Lande Hessen, mit Ausnahme etwaiger eigener oder gepachteter Jagden des Bediensteten. In Preußen gab es für die Forstbediensteten ebenfalls gebührenfreie Jagdscheine, jedoch jeweils auf drei Jahre befristet.

Als ich am 1. Juli 1922 nach bestandener Universitätsabschlußprüfung, heute Diplomexamen genannt, meinen Vorbereitungsdienst als Forstreferendar in der hessischen Staatsforstverwaltung antrat, war ich jagdlich bereits ziemlich erfahren, vertraut mit Hege und Brauchtum, aber nur hinsichtlich des Niederwildes einschließlich Rehwild als einzigem Schalenwild. Hatte ich meine Ausbildung zum Jäger in einer jagdlich gut und straff geführten großen Privatforstverwaltung genossen, so fand ich nun teilweise Verhältnisse vor, die mir zunächst nicht immer gefallen wollten.

Soweit sie nicht Hofjagden waren, wurde die Jagd in den Staatsforsten schon zu Zeiten der Monarchie verpachtet. Allerdings pachteten die Forstamtsleiter nicht selten solche Reviere. Die Hofjagden blieben auch nach 1918 in eigener Verwaltung als Regiejagden. In diesen Jagden entsprach der Betrieb natürlich durchaus dem was ich kannte. Insbesondere die Gesellschaftsjagden liefen in altgewohnt geregelter Weise ab unter Wahrung des jagdlichen Brauchtums. Bemerkenswert dabei ist, daß auf den hessischen staatlichen Jagden nicht die sonst in Deutschland überall geblasenen Plesser Jagdsignale – genannt nach der oberschlesischen jagdlich berühmten Herrschaft Pleß – angewandt wurden, sondern die althessischen Hofjagdsignale, welche heute völlig vergessen sind. Diese glichen zum Teil den Plesser Jagdsignalen, zum Teil waren sie aber melodischer, so z. B. das An- und Abblasen der einzelnen Treiben. Außerhalb der staatlichen Jagden sowie derjenigen des Großprivatwaldbesitzes aber war der Gebrauch des Jagdhornes sozusagen unbekannt. Signale wurden mittels Hupen gegeben. Dieses hat sich heute sehr zum Vorteil des Ablaufes der Gesellschaftsjagden geändert. Jetzt werden eigentlich immer auch bei privaten Treibjagden die üblichen Hornsignale geblasen.

Im Körperschaftswald war die Jagd regelmäßig verpachtet, und zwar in Form von gemeindeeigenen Eigenjagdbezirken, wenn sie die gesetzliche Mindestgröße von 75 ha (heute 100 ha) aufwiesen, oder als Gemeindejagden. Jagdgenossenschaften im heutigen Sinne gab es nicht. Die in einer Gemarkung gelegenen Grundstücke, soweit sie zu keinem Eigenjagdbezirk gehörten, mußten laut Gesetz verpachtet werden. Häufig waren die an Staats- oder Privatreviere angrenzenden Gemeindejagden als Schutzjagden für diese angepachtet.

Eine Besonderheit stellte das Jagdregal des Landesherrn dar, welches auch über das Ende der Monarchie 1918 hinaus während der Dauer der Weimarer Republik bis zum Reichsjagdgesetz von 1934 bestanden hat. Das bedeutete, daß der Staat das Regaljagdrecht auch auf staatseigenen Grundstücken unter Eigenjagdgröße besaß, wenn sie innerhalb der Gemeindejagdbezirke lagen. Vernünftigerweise wurden solche Grundflächen allerdings mit der betreffenden Gemeindejagd verpachtet. Die Pachterlöse dafür flossen in die Staatskasse, während der Pachterlös für die Gemeindejagd nicht etwa auf die einzelnen Grundbesitzer aufgeteilt, sondern im ganzen von der Gemeinde vereinnahmt wurde. Er kam den Grundstücksbesitzern jedoch in anderer Form zugute, beispielsweise durch entsprechend niedrigere Gemeindeumlagen.

Die meist übertrieben hohen Wildschadenforderungen, wie sie sich nach 1945 einbürgerten und auch heute immer wieder gestellt werden, gab es dazumal nur in Ausnahmefällen. Die Grundeigentümer waren sich darüber klar, daß ein angemessener Ertrag aus der Jagd nur bei einem guten Wildstand zu erzielen ist, daß aber das Wild ja schließlich sich irgendwie ernähren muß, was sich dann eben als »Wildschaden« äußert. Ein angemessener Wildschaden wurde richtigerweise als Betriebs- oder Werbungskostenaufwand angesehen. Im übrigen wurden geltend gemachte Wildschäden sehr großzügig reguliert. Neben den Pachtgeldern stifteten die Jagdpächter, insbesondere in den Rotwildjagden der Odenwaldgemeinden, Spritzenhäuser, Schulhäuser, Dorfstraßen und ähnliches, so daß den Gemeinden bemerkenswerte Vorteile aus ihren Jagden erwuchsen.

Das alte Hessen war zu 31,5 Prozent seiner Fläche bewaldet, und zwar fast genau je zur Hälfte mit Laub- und Nadelholz. Im Vergleich zu dem Bewaldungsprozent von 49 des jetzigen Landes Hessen erscheint dasjenige des alten Volksstaates zwar gering, man muß aber dabei berücksichtigen, daß die beinahe waldlose, aber sehr niederwildreiche Provinz Rheinhessen die Bewaldungsziffer des ehemaligen Hessen stark herunterdrückte. Der Waldanteil der beiden beim heutigen Lande verbliebenen früheren Provinzen Oberhessen (nördlich des Mains) und Starkenburg (südlich der Mainlinie) war dementsprechend stärker und ist es sogar trotz der starken Industrialisierung, Be- und Zersiedelung, Autobahn- und Fernstraßenbauten heute immer noch geblieben.

Trotz der günstigen Lebensbedingungen waren die Wildstände im früheren Hessen, soweit es das Rot-, Dam- und Schwarzwild betraf, gering. Nach dem »Gesetz, die Ausübung der Jagd in den Provinzen Starkenburg und Oberhessen betr.« vom 26. Juli 1848 war es verboten, Schwarz-, Rot- und Damwild im Freien zu hegen. Es war »daher überall, außer den geschlossenen Wildgärten, zu vertilgen«. Dem darauf einsetzenden Vernichtungsfeldzug gegen die genannten Wildarten wurde wenigstens 10 Jahre später durch das »Hessische Jagdstrafgesetz vom 19. Juli 1858« insofern Einhalt geboten, als eine »allgemeine Hegezeit in Wald und Feld« vom 1. Februar bis 31. August festgesetzt wurde, von der allerdings männliches Rot- und Damwild sowie das gesamte Schwarzwild ausgenommen wurden. Sie kam aber nun wenigstens dem weiblichen Rot- und Damwild nebst Kälbern zugute. In dem an die hessische Provinz Oberhessen im Norden und Osten angrenzenden Kurhessen war Schwarz-, Rot- und Damwild nach »Kurhessischem Gesetz, das Jagdrecht und dessen Ausübung usw. betreffend, vom 7. September 1865« vogelfrei, bis die Preußische Tier- und Pflanzenschutzverordnung vom 16. Dezember 1929 dem Rot- und Damwild – ausgenommen Schwarzwild – Schonzeiten angedeihen ließ.

Daß ungeachtet der gesetzlich angeordneten Verfolgung diese Wildarten nahezu ein Jahrhundert überdauert haben, ist neben deren Härte und Anpassungsfähigkeit an ungünstige Lebensbedingungen dem Idealismus und der Opferwilligkeit vieler Revierinhaber zu danken. In den angrenzenden großen Staatsforstrevieren Kurhessens waren es die Forstbeamten, im Großherzogtum in erster Linie die Grafen zu Solms-Laubach, welche in ihrem auf der Westabdachung des Vogelsberges gelegenen Waldbesitz dem ständig verfolgten Rotwild eine Freistatt gewährten. Der Laubacher Wald war die Keimzelle, von der aus das Rotwild nach Inkrafttreten des Reichsjagdgesetzes vom 3. Juli 1934 in wenigen Jahren das heutige Rotwildgebiet Vogelsberg wieder besiedelte, wo es seit Urzeiten heimisch gewesen war. Angrenzend an den Laubacher Wald gab es in den zwanziger Jahren Jagden, auf denen Rotwild beim Treiben mit Schrot geschossen wurde! Im übrigen kam in der Provinz Oberhessen im ersten Drittel dieses Jahrhunderts Rotwild noch in den hessischen Revieren am Ostrande des Taunus vor, da es im angrenzenden Nassau auf Grund der dort geltenden Preußischen Jagdordnung vom 15. Juli 1907 angemessene Schonzeiten hatte. Damwild wurde in Oberhessen nur von den Fürsten zu Ysenburg-Büdingen in ihrem südlich des Vogelsberges gelegenen Waldbesitz gehegt und waidgerecht bejagt.

Anders als in Oberhessen lagen die Verhältnisse hinsichtlich des Rot- und Damwildes in der ehemaligen Provinz Starkenburg. In nächster Nähe der Stadt Darmstadt befand sich der damals rund 2400 ha große Kranichsteiner Wildpark mit qualitativ und quantitativ sehr gutem Rot- und Damwildbestand.

Um letzteres vorwegzunehmen, Damwild kam wie heute auch noch in den Staatsrevieren und Gemeindejagden der Mainebene vor. Da die Jagden um Rüsselsheim von der Industriellenfamilie von Opel angepachtet waren, genoß es dort intensive Hege. Rotwild dagegen in freier Wildbahn in Hessen südlich des Maines fand sich nur in der südwestlichen Ecke des Landes, im sogenannten »Lorscher Wald«, und im südöstlichen Odenwald. In diesem hat das Rotwild die Verfolgungszeit gut überdauert, einmal weil ihm in den Forsten der Grafen zu Erbach-Erbach und zu Erbach-Fürstenau Heimatrecht eingeräumt wurde und zum anderen, weil die Gemeinden hohe Pachten und sonstige Vorteile für ihre Rotwildjagden bekamen. Deshalb legten sie auch auf dessen Erhaltung großen Wert. Ein besonderes Verdienst um das Odenwälder Rotwild hat sich die im Jahre 1922 auf freiwilliger Basis gegründete »Vereinigung der Rotwildjäger im südlichen Odenwald e. V.« erworben. Der Rotwildbestand im hessischen Odenwald war vor dem letzten Kriege hinsichtlich der Wilddichte erheblich höher als heute, in der Geweihbildung ließ er allerdings zu wünschen übrig. Die Hirsche konnten nicht alt genug werden, da sie in den Randjagden außerhalb des Bereiches der Rotwildjägervereinigung, vornehmlich in der Feiste, abgeschossen wurden. Mit dem Inkrafttreten des Reichsjagdgesetzes 1934 bahnte sich dann sehr schnell eine Besserung an.

Das andere südhessische Rotwildgebiet »Lorscher Wald« ist

heute leider erloschen. Es umfaßte eine rund 7000 ha große bis vor die Tore Mannheims reichende Fläche, davon 5500 ha Staatswald. Nachdem das dortige Rotwild in den Folgejahren nach 1848 geschichtlichen Quellen zufolge bis auf zwei Spießer und wenige Stücke Kahlwild vernichtet worden war, erholte sich der Bestand doch bald wieder, weil inzwischen eine ca. 1000 ha große Aufforstung längs der badischen Grenze zu einer dichten Kieferndickung aufgewachsen war und auch sonst zahlreiche Kiefernkulturen heranwuchsen. Dank diesen ruhigen Einständen und der guten Äsung in den angrenzenden ausgedehnten alten Laubholz-, insbesondere Eichenbeständen wuchs schnell wieder ein beachtlicher Rotwildstand heran. Es gehört ja auch zu den bis heute ungelösten Rätseln der Natur, daß sich der Bestand einer Wildart schnell wieder aufbaut, wenn diese von früher her in dem betreffenden Gebiet bodenständig war, auch wenn sie inzwischen nahezu ausgerottet wurde. Ebenso rätselhaft ist, daß selbst nach jahrhundertelanger völliger Wildleere Einzelstücke auf menschlichen Sinnen nicht wahrnehmbaren, immer gleichen Fernwechseln von weit her kommend versuchen, die früheren Einstandsgebiete wieder zu besiedeln, sofern das Wild dort bodenständig war. Daß in der Oberrheinebene, welcher der Lorscher Wald zuzurechnen ist, das Rotwild bodenständig gewesen ist, beweist ein um 1800, also vor der 1848 beginnenden Ausrottungskampagne, im dortigen Raume bei Lampertheim erbeutetes Kapitalgeweih.

Der Lorscher Wald, altes Hofjagdgebiet der hessischen Landesfürsten, gehörte früher zum Wildbann »Forehahi« des Klosters Lorsch. In diesem Landstrich, dem hessischen Ried, war einstmals überall Rotwild, welches über die alten, die Bergstraße überquerenden Fernwechsel auch mit dem Odenwaldrotwild in Verbindung gestanden haben muß. Nur so nämlich läßt sich erklären, daß neben dem typischen Gebirgshirsch – kurz, gedrungen, rot, dunkle, gut geperlte Geweihe – bis in die dreißiger Jahre dieses Jahrhunderts immer wieder Hirsche im Odenwald erlegt wurden, welche dem Typ des Tieflandrotwildes – lang, gelblichgrau, längere, helle, wenig geperlte Stangen – nahe kamen. Diese Hirsche nannte man dort »Haselhirsche«. Der Bau der Autobahn Frankfurt–Mannheim, die zunehmende Besiedlung schon vor dem letzten Kriege unterbrachen diese Fernwechsel. Das Rotwild des Lorscher Waldes zeichnete sich aus durch lange, endenreiche Geweihe. Der Lorscher Wald blieb großherzogliches Hofjagdgebiet bis 1918. Danach wurde er Verwaltungsjagd der hessischen Staatsforstverwaltung. Den letzten jagdbaren Hirsch erlegte der zuständige Referent der ehemaligen Ministerialforstabteilung in Darmstadt, der inzwischen verstorbene Oberforstrat Otto Löber, kurz vor oder zu Beginn des letzten Krieges. Die Unterlagen hierüber sind durch den feindlichen Luftangriff im September 1944, der die Wohngebiete der Stadt Darmstadt fast völlig in Schutt und Asche legte, vernichtet. Die amerikanische Besatzung schoß nach 1945 das dortige Rotwild fast völlig zusammen. Der letzte Hirsch kam Ende der 50er Jahre kreuzlahm – wahrscheinlich auf der Autobahn angefahren – uralt und stark zurückgesetzt zur Strecke.

Heute durchziehen die Autobahnen Frankfurt–Mannheim und Viernheimer Dreieck–Saarbrücken das alte Rotwildgebiet. Viele hundert Hektar des ehemaligen Forstamtes Viernheim wurden amerikanischer Panzerübungsplatz, ein anderer Teil des gleichen, inzwischen aufgelösten Forstamtes amerikanisches Munitionslager. Das den Forst durchziehende Straßennetz wurde für den Kraftverkehr begradigt, verbreitert, ausgebaut. Die Besiedlung nimmt sprunghaft zu, die Bewaldung dementsprechend ab. Für Rotwild ist dort kein Platz mehr, auch künftig niemals wieder. Und schon heute weiß die jüngere Jägergeneration nicht mehr, daß noch vor dreißig Jahren dort, wo der Verkehr braust, Panzer rasseln, Motoren dröhnen, im Herbst das Schreien der Hirsche erklang, daß unser edelstes Wild da seine Fährte zog, wo Menschen und Fahrzeuge wimmeln und ihre Spuren hinterlassen. Von diesem uralten hessischen Rotwildgebiet ist nichts mehr geblieben als die Erinnerung und einige Geweihe im Jagdschloß Kranichstein.

Das Schwarzwild war seit 1848 im alten Hessen fast verschwunden. In der Provinz Oberhessen war es bis zum Ende des Ersten Weltkrieges so gut wie ausgerottet und bei der Landbevölkerung unbekannt. Im Winter 1913/14 bekamen meine Eltern einen erlegten Frischling von einem befreundeten Waldbesitzer aus der Mark Brandenburg per Bahn zugesandt. Der Eisenbahnbeamte rief meinen Vater an: »Herr Forstmeister, für Sie ist ein ganz komisches Tier angekommen, ein junger Bär oder so was.« Das alte Hausmädchen meiner Eltern weigerte sich, das Wildbret dieses Frischlings anzufassen und zuzubereiten, geschweige etwas davon zu essen, obwohl doch anderes Wild im elterlichen Haushalt durchaus nichts Ungewöhnliches war.

Nach dem Ende des Krieges ab 1919 zeigten sich die ersten Sauen im Schlitzer Land, dem nördlichsten Zipfel Oberhessens. Von dort aus besiedelten sie langsam den Vogelsberg, waren aber nie sehr häufig. Das Schwarzwild wurde von den Jagdinhabern gern geduldet, zumal es immer Freude machte, wenn Sauen auf der Treibjagd vorkamen oder im Winter bei Schnee Saujagden abgehalten werden konnten. Erst im Laufe des Zweiten Weltkrieges, während die meisten Jäger im Kriegseinsatz standen, nahm das Schwarzwild stark zu.

Meine erste Begegnung mit Sauen im heimatlichen Revier hatte ich im März 1929. Ich war gerade nach Hause zurückgekehrt, hatte meinen Dienst bei der Preußischen Landwirtschaftskammer in Stettin beendet, um ihn am 1. April in der hessischen Staatsforstverwaltung wieder aufzunehmen. Ich war abends auf den Schnepfenstrich gegangen, begleitet von der kleinen alten Kurzhaarteckelhündin »Grille« meiner Eltern, die früher schon manche erlegte Schnepfe gefunden hatte. Ich stand inmitten eines ca. 30 ha großen Buchendickungskomplexes im Forstdistrikt »Teufelsmühle« auf einem Schneisenkreuz. Gleichzeitig mit dem Balzlaut einer Schnepfe hörte ich links von mir in der Dickung Sauen, und schon trat in einer Entfernung von vielleicht 20 m eine Bache auf die Schneise, gefolgt von sieben ganz kleinen Frischlingen. Mein Teckelchen sträubte den Kamm, knurrte, und schon kam die Bache blasend auf mich zu. Ich sprach sie ziemlich laut an, worauf sie sich langsam, immer noch blasend, mit ihren Frischlingen trollte. Ich kam mir wie nach Pommern zurückversetzt vor und freute mich über den Anblick sehr.

In der althessischen Provinz Starkenburg waren die Sauen nie ganz verschwunden gewesen. Sie hatten sich in geringer Zahl im südöstlichen Teil des hessischen Odenwaldes gehalten, ohne daß auf den Feldern Wildschaden bemerkbar war und großes Wildschadengeschrei erscholl. Als ich in den Jahren vor dem letzten Kriege

Forstmeister des Staatsforstamtes Beerfelden war, schossen wir im Laufe des Winters immer fünf bis sechs Sauen beim Treiben. Diese kleinen winterlichen Saujagden im tiefverschneiten Odenwald waren besonders nett. Nicht selten fielen dabei – der erste Schuß durfte allerdings nur auf Sauen abgegeben werden – Kugelfüchse. Solche schoß ich mit Vorliebe ebenfalls auf Rotwilddrückjagden. Da ich früher im Anschlag repetierte, darf man wohl auch bei der Mauserrepetierbüchse von einer Dublette sprechen, wenn ich mit zwei sofort aufeinanderfolgenden Schüssen von einem inmitten eines lückigen Eichenstockschlages stehenden Hochsitz aus zuerst einen Fuchs und, während der Fuchs sich noch um seine Achse drehend die Kugel quittierte, einen vorbeiflüchtenden geringen Rotspießer erlegte.

Auch Muffelwild kam damals im Odenwald vor. Der Weinheimer Lederfabrikant Freudenberg hatte einige Stücke auf seiner Pachtjagd im nordbadischen Odenwald ausgesetzt. Dieser Bestand hatte sich nach wenigen Jahren in den Raum nahe Hirschhorn am Neckar ausgebreitet, vornehmlich in der hessischen Gemeindejagd Rothenberg. Von da zweigte sich ein Teil ab, zog etwa 30 bis 40 km nordwestlich und stellte sich im Reichenberger Forst des Grafen Erbach-Erbach und in den Gemeindejagden um Reichelsheim ein. Damit war es auf Urgebirgsstandorten angelangt. Die bessere Äsung als auf den nährstoffärmeren Buntsandsteinböden des südlichen Odenwaldes war zweifellos die Ursache für die stärkere Schneckenbildung des Reichenberger Stammes. Meine erste persönliche Begegnung mit Muffelwild fand im Herbst 1938 gelegentlich dessen Brunft im Reichenberger Forst, allerdings nur beobachtenderweise, statt. Jedenfalls beeindruckten mich die Brunftkämpfe der Widder, wie sie aufeinander losgingen und die Schnecken mit lautem Dröhnen und Krachen zusammenprallten, sehr viel mehr als der meckernde Brunftlaut. Die beiden Muffelwildstämme des hessischen Odenwaldes sind leider erloschen. Was nicht Wilderern in den letzten Kriegsjahren zum Opfer fiel, wurde gleich nach Kriegsende von den Besatzungssoldaten totgeschossen.

Der Zusammenbruch des Deutschen Reiches im Jahre 1945 brachte nicht nur wesentliche territorale, sondern auch jagdliche Änderungen. Das jetzige Hessen besteht aus dem ehemaligen Großherzogtum, späteren Volksstaat, und der preußischen Provinz Hessen-Nassau. Die in die französische Besatzungszone hineinfallenden Landesteile wurden abgetrennt und in das neu geschaffene Bundesland Rheinland-Pfalz einbezogen. Es waren dies von Nassau – ehemals preußischer Regierungsbezirk Wiesbaden – ein westlicher Teil, welcher neuer rheinlandpfälzischer Regierungsbezirk Montabaur wurde, und die althessische Provinz Rheinhessen mit ihrer Provinzialhauptstadt Mainz. Da als Besatzungszonengrenze die schiffbare, die Altrheinschleifen begradigende künstliche Fahrrinne des Stromes angenommen wurde, verblieben kleinere ehemals rheinhessische Gebietsteile sowie die rechtsrheinischen Mainzer Vororte bei Hessen.

Der bedeutendste dieser Gebietsteile ist die rund 1500 ha große künstliche Rheininsel Kühkopf, die ihre Entstehung der in den Jahren 1828 und 1829 durchgeführten Stromregulierung verdankt, indem eine über 14 000 Meter lange Rheinschleife durch einen rund 3600 Meter langen Rheindurchstich abgeschnitten wurde. Der Name »Kühkopf« ist entstanden aus dem früheren »Königskopf«, der nordwestlichen Spitze des alten kaiserlichen Bannforstes Forehahi. Der Kühkopf hat noch weitgehend den Charakter der Ur-Rheinlandschaft bewahrt, mit feuchten, von Schlingpflanzen und dichtem Unterholz durchwucherten Auwäldern, versumpften Wiesen, Altwasser- und verlandenden Seitenarmen des Altrheines, Schilfdickichten, Schlickbänken, Kolken und Strudellöchern, welche bei Dammbrüchen durch den Strom ausgewaschen worden waren. Er stellt ein Niederwilddorado dar, wie es in Westdeutschland nicht mehr häufig sein dürfte. Nachdem das vorher schon an der Fläche besitzmäßig beteiligte Land Hessen noch den größten Teil des Privatgeländes angekauft hatte, ist der Kühkopf jetzt Staatsjagdrevier.

Die Treibjagden auf Hasen, Karnickel und Fasanen sind jagdlich jedesmal ein Erlebnis. Hin und wieder kommen auch Sauen bei diesen Jagden vor, meist aber nicht zur Strecke, weil für das Umladen der Flinten auf Brennekepatronen die Zeit zu kurz ist. Auf Grund der günstigen Vegetationsverhältnisse und des warmen Sommerklimas hatte der frühere Privatwaldbesitzer Anfang dieses Jahrhunderts den Versuch unternommen, Känguruhs auf dem

Kühkopf in freier Wildbahn zu halten. Dieses mißlang aber, weil die Temperaturschwankungen für diese Tiere zu groß waren. Dagegen hat sich das etwa zur gleichen Zeit eingebürgerte Trutwild sehr gut gehalten und vermehrt bis es 1918/19 durch die französische Besatzung völlig ausgerottet wurde.

Ich selbst habe einmal in meinem Jägerleben einen Wildputer erlegt im Frühjahr 1943 im Stadtforst Olmütz in Mähren unter Führung des tschechischen Stadtförsters. Es war zur Zeit der Balz im April, der ganze Wald war voll von dem Kollern der wilden Truthähne. Man fühlte sich wie in einem Geflügelhof. Die Hähne balzten in den lichten Laubholzbeständen; die Hennen liefen und standen dazwischen herum. Das Herankommen auf Schrotschußweite war sehr schwierig, und für die Kleinkaliberkugel hielten die Hähne nicht einen Augenblick still oder irgend eine Henne trat gerade ins Schußfeld. Man fuhr dauernd im Pkw auf den Gestellen um die Jagen herum, stundenlang, ohne daß man einen der älteren und stärkeren Hähne schußrecht bekam. Endlich gerieten beim Kampf zwei Hähne abseits von den wachsamen Hennen und waren so mit sich beschäftigt, daß die 3½-mm-Schrote den einen erreichten, als er sich einen Augenblick von seinem Gegner getrennt hatte. Die Begegnung mit solch ungewohntem Wilde war einmal ganz interessant, aber einen besonderen Reiz konnte ich dieser Art Jagd nicht abgewinnen.

Eine wesentliche Verbesserung der hessischen Jagdverhältnisse stellte die Wiedervereinigung der etwa 400 Jahre getrennt gewesenen Gebiete Kurhessens mit denen des alten Hessen-Darmstadt anläßlich der territorialen Neuordnung nach 1945 dar. Das neue Land Hessen ist zur Hälfte bewaldet, dementsprechend wildreich. Rotwild ist in nahezu allen Mittelgebirgen noch Standwild, wenn es auch mit Rücksicht auf die Landeskultur zahlenmäßig begrenzt werden muß und in hochkultivierten Agrargebieten keinen Raum mehr hat. Aber in den landesgesetzlich festgelegten Rotwildgebieten Odenwald, Vogelsberg, Taunus, Lahn- und Dillbergland, Krofdorfer Forst, Spessart, Gieseler Forst, Burgwald-Kellerwald, Fulda-Werra-Bergland, Edersee, Weidelsburg, Wattenberg, Rothaargebirge, Upland, Reinhardswald soll es in einer Wilddichte von 1,5 bis 2 Stück je 100 ha Waldfläche erhalten bleiben. Ebenso das Muffelwild in den Mittelgebirgsrevieren, wo es den für die Gesunderhaltung seiner Schalen erforderlichen steinigen Boden vorfindet, wegen seiner Genügsamkeit bezüglich der Äsung und seiner Standorttreue. Das gilt aber nur für reinblütiges, nicht mit asiatischen Wildschafen verbastardiertes Wild. Solches ist nicht standortgebunden, verursacht auf seinen Wanderungen über Land Schäden auf den Feldern und Schälschäden im Walde und kann deshalb nicht geduldet werden. Wie unangenehm sich die Verbastardierung auswirkt, habe ich selbst erfahren in der Privatforstverwaltung Schlitz, wo ich seit vielen Jahren jage. Der nach dem Kriege begründete reinblütige Muffelwildbestand zeichnete sich durch alle die erwähnten guten Eigenschaften aus, bis in einer Brunftzeit zwei an weißen Wildmarken in ihren Lauschern als fremd erkennbare starke Widder im Schlitzer Revier auftauchten. Man vermutet, daß diese Widder aus dem 10 bis 15 km Luftlinie entfernten Raume Hünfeld–Burghaun zugewandert sind, wo angeblich Jagdpächter Muffelwild neu ausgesetzt haben sollten. Auf jeden Fall steht fest, daß, nachdem diese Widder die Schlitzer Schafe beschlagen, sich also genetisch in den dortigen Bestand eingekreuzt haben, dieser bis auf einige männliche Stücke abgewandert ist und jetzt Muffelwild in entfernten Revieren auftritt, wo es bisher unbekannt war und sich auch durch Wildschaden als unerwünscht erweist. Es finden sich in Hessen aber glücklicherweise noch genügend reinblütige Muffelwildbestände, so im Raume Battenberg, wo es um 1930 von Frevert eingebürgert wurde, als er dort Forstmeister war, am Edersee, auf dem Meißner, im Knüll und im Laubacher Wald.

Leider ist der früher recht gute Bestand an unseren Waldhühnern seit 1945 überall sehr stark zurückgegangen.

Wenn es 1945 auch zuerst so aussah, als wäre das Ende der Jagd und des Wildes bei uns gekommen, so bewahrheitete sich dieses glücklicherweise nicht. Zwar schossen anfänglich die Besatzungsangehörigen ziemlich wahllos auf alles Wild auf jede Entfernung und somit auch viel zu Holze. Doch nach und nach stellte sich dann doch mit zunehmendem gegenseitigen Kontakt mit Deutschen eine gewisse Ordnung ein, nachdem die Besatzungsbehörden zur Einsicht gelangt waren, daß die weitaus meisten von uns nichts als Frieden wollten und nicht die wilden, blutrünstigen und mordlustigen Kerle waren, wie eine geschickte Propaganda unser Volk in seiner Gesamtheit dargestellt hatte. Bei der Zusammenarbeit der Amerikaner mit den deutschen Dienststellen gelang es auch wieder, die Grundsätze waidgerechter Jagdausübung und Hege der stark dezimierten Schalenwildbestände langsam durchzusetzen. Lediglich das wehrhafte Schwarzwild hatte die erste Nachkriegszeit gut überstanden und sich teilweise sogar übermäßig vermehrt, denn die Amerikaner schossen in der Angst, von Sauen angenommen zu werden, auf diese ungenau, sehr weit und nur von hinten.

Mit der Aufhebung des Reichsjagdgesetzes in den Ländern der US-Zone durch die amerikanische Militärregierung traten auf Grund des US-Militär-Regierungs-Gesetzes Nr. 13 vom 15. November 1947 alle am 30. Januar 1933 geltend gewesenen und durch das Reichsjagdgesetz aufgehobenen jagdgesetzlichen Bestimmungen wieder in Kraft. Damit ergoß sich am 1. Februar 1949 allein über das Land Hessen eine Flut von mehr als 20 jagdlichen Gesetzen und Verordnungen. Schon vor mehr als Jahrzehnten hatte sich deren Mehrzahl als veraltet und unzulänglich erwiesen, sie hatten außerdem vorwiegend nur polizeilichen Charakter. Sie berücksichtigten die Gedanken der Wildhege und des Naturschutzes wie auch die Jagdgesetze der anderen deutschen Länder fast nicht.

Deshalb befaßten sich profilierte Jäger schon viele Jahre vor 1933 mit der Erarbeitung neuer Jagdgesetze. Als deren Ergebnis erschien zuerst das Preußische Jagdgesetz vom 18. Januar 1934 und danach als Krone der deutschen Jagdgesetzgebung das Reichsjagdgesetz vom 3. Juli 1934. Dieses schrieb waidgerechtes Jagen, Abschußplanung und Wildhege sowie die Errichtung fachlicher Jagdbehörden vor. Es wurde schon damals, auch im Auslande, allgemein anerkannt, daß die Erhaltung des Jagdwesens in Deutschland erst durch ein solches Gesetz ermöglicht worden ist. Es diente auch anderen außerdeutschen Ländern als Vorbild. Seine Aufhebung durch die Besatzung als »Nazigesetz« ist daher völlig unbegründet gewesen, denn in seinen Grundzügen lag es seit den zwanziger Jahren, also lange bevor das »Dritte Reich« ausbrach, fest.

Ich erinnere mich noch genau an eine Sitzung der »Deutschen Jagdkammer« in Berlin etwa 1927 oder 1928, als der Rittmeister a. D. und damalige schlesische Privatoberförster Ulrich Scherping uns einen Entwurf zu einem neuen Deutschen Jagdgesetz unterbreitete, welcher materiell dem Reichsjagdgesetz ziemlich genau entsprach. Daß dieses nebenbei, um seinen Erlaß zu ermöglichen, mit einigen von dem Nationalsozialismus geforderten formalistischen Vorschriften ausgestattet wurde, macht es dem Sinne nach nicht zu einem »Nazigesetz«, und es ist Scherping als ein Verdienst anzurechnen, daß er es verstanden hat, zu gegebener Zeit den damals noch mächtigen Hermann Göring dazu zu bewegen, das Reichsjagdgesetz in Kraft zu setzen.

Allgemein bestand an oberster Stelle eine erhebliche Abneigung gegen die Jagd und die Jäger, die einmal von Hitler als »grüne Freimaurer« bezeichnet, und damit in seinen Augen sehr negativ beurteilt wurden. Man soll sich das alles ruhig einmal wieder ins Gedächtnis zurückrufen. Heute dürfen wir Jäger uns glücklich schätzen, daß die aus dem Reichsjagdgesetz bewährten Grundsätze und jagdlich wesentlichen Bestimmungen auch in das jetzt geltende Jagdrecht, das Bundesjagdgesetz und die Länderausführungsgesetze, übernommen worden sind, woran mitzuwirken Ulrich Scherping nach 1945 im Deutschen Jagdschutz-Verband als dessen Hauptgeschäftsführer noch einmal Gelegenheit gegeben war. Im Lande Hessen hat der verstorbene Ministerialrat im damaligen Ministerium für Landwirtschaft und Forsten Dr. jur. Gustav Mitzschke, anerkanntermaßen einer der erfahrensten Jagdjuristen, die jagdliche Landesgesetzgebung aufgebaut.

Kapitel 2 Frühlingswaidwerk

Im hinteren Odenwald, 500 m über dem Meer, liegt an einer Wegekreuzung der Sensbacher Friedhof mitten im Walde. Hier überquert die Straße von Beerfelden nach Sensbach den Höhenweg, welcher auf dem die Flußtäler von Mümling und Sensbach trennenden Gebirgskamm zum Neckar verläuft. Auf dem Friedhof werden seit alten Zeiten die Bewohner der beiden Dörfer Ober- und Unter-Sensbach zur letzten Ruhe gebettet. Heute fährt man sie über die für den Kraftfahrzeugverkehr ausgebaute Straße die bis zu 7 km langen Strecken hoch. Früher wurden die Toten auf Feld- und Waldwegen getragen, im offenen Sarg, damit sie von ihrer Heimat Abschied nehmen konnten. In regelmäßigen Abständen entlang dieser Friedhofswege lagen rechtwinklig behauene Sandsteine, auf denen der Sarg abgestellt wurde, wenn die Träger ausruhen mußten, die »Ruhesteine«. Sie sind leider heute bis auf zwei verschwunden.

War die Beerdigung vorüber, dann versank der alte Friedhof wieder in der Stille des Waldes. Nur hin und wieder fuhr einmal jemand auf der schmalen, kurvenreichen Straße vorbei, ein Geschäftsmann, der Arzt, der Tierarzt, der Forstmeister. Jetzt, nachdem diese Straße vor einigen Jahren ausgebaut worden ist, hat der Verkehr sehr stark zugenommen. Mit der idyllischen Ruhe ist es nun vorüber. Aber immer noch reitet der Rodensteiner mit seinem wilden Heer, wie es die alte Sage kündet, über den Odenwald, wenn die Herbst- und Frühlingsstürme brausen, und immer noch deckt der Winter mit seinem weißen Leichentuch alles meterhoch zu, lange auch, nachdem die Mandel- und Pfirsichbäume an der Bergstraße abgeblüht haben.

Noch bis vor etwa zwei Jahrzehnten konnte man in jedem Herbst vom Friedhof aus ringsum das Schreien der Hirsche in der Brunft hören, und im Frühjahr sangen dort die Auerhähne ihr

Liebeslied. Wie oft habe ich diesem gelauscht. Immer wieder umfing mich dann von neuem der Reiz des Geheimnisvollen, Urweltlichen, wenn im nächtlichen Dunkel des Waldes vor dem Morgengrauen der Balzgesang des Großen Hahnes einsetzte. Erst wie Tropfenfall, dann schneller, immer schneller bis zur Strophe, zum Hauptschlag. Und nun das Schleifen, währenddessen der Hahn taub und blind ist, sogar manchmal einen Fehlschuß aushält. Warten, hören, bis im Osten der erste Lichtschimmer am Himmel aufglimmt. Wenn es heller wird, anspringen. Drei große Schritte, wieder stehen, horchen. Balzt er weiter? Nein, er verschweigt plötzlich. Hat er etwas vernommen? Regungslos stehen, womöglich auf einem Bein, den anderen Fuß nicht aufgesetzt, denn wenn er nicht mehr schleift, hört und sieht der Auerhahn sehr scharf. Jetzt, er spielt sich wieder ein. Beim nächsten Schleifen wieder vorwärts. Wo steht er denn nun in dem dunklen Kieferngeäst?

Nochmals um den Baum herum! Dabei fällt zufällig der Blick auf die nebenstehende kleinere Eiche. Auf dem untersten Ast, unter dem ich eben durchgesprungen bin, steht er ja! Er balzt noch, schleift. Schuß, dumpfer Aufschlag! Der Hahn ist mein. Wo man ihn nicht vermutet hatte, stand er. Am vorhergehenden Abend war er auf der Kiefer eingefallen.

So erlebte ich die Erlegung meines ersten großen Hahnes Ende April 1934. Er hing, präpariert von Meister Robert Bantzer in Öhringen, bis 1945 in meinem Arbeitszimmer, fiel aber auch mit allen anderen Trophäen dann der sinnlosen Zerstörung zum Opfer.

Nachdem ich meinen Auerhahn im Odenwald geschossen hatte, wollte ich eigentlich keinen mehr erlegen, denn für Massenstrecken kommt dieses edle und damals schon bei uns in Deutschland nicht mehr allzu häufige Wild nicht in Frage. In Böhmen und Mähren aber fand ich ein so zahlreiches Vorkommen von Auerwild in den verschiedensten Biotopen vor, daß es mich reizte, in den unterschiedlichen Lebensräumen auf den Großen Hahn doch wieder zu waidwerken.

Meinen ersten dortigen Auerhahn erlegte ich im Frühjahr 1940 in den mährischen Beskiden. Er balzte ziemlich tief auf einer uralten Weißtanne, in einem urwaldähnlichen, etwa 1000 m hoch im Gebirge gelegenen Bestand von Tannen und Fichten. Das Bemerkenswerteste an ihm war, daß seinem Balzgesang der Hauptschlag fehlte, was zwar charakteristisch für die Karpathenhähne sein soll, hier aber so weit westlich nach Aussagen der dortigen Forstbeamten zu den Ausnahmen gehörte. Offensichtlich war dort das Grenzgebiet, in dem die karpathische mit der westeuropäischen Auerwildrasse zusammentraf. Einen Auerhahn anzuspringen, der ohne Hauptschlag balzt, ist schwierig, denn man kann nur an der Geschwindigkeit des Glöckelns abschätzen, wann er anfangen wird zu schleifen.

Nachdem mein Vater 1940 unerwartet starb, erbte ich seine alte Büchsflinte, Handarbeit des Büchsenmachermeisters Wilhelm Moritz in Zella-St. Blasii in Thüringen aus dem Jahre 1908. Mit ihr verknüpfte sich für mich die Erinnerung an erstes Waidmannsheil auf Fuchs und Rehbock. Ihr Kugellauf verschoß aber nur die veraltete Patrone 9,3×72 mit Bleigeschoß und Naßbrandpulver, ihr Schrotlauf hatte Rostnarben. Sie entsprach den neuzeitlichen Anforderungen nicht mehr, war eigentlich nur noch ein Erinnerungsstück, und als solches wollte ich sie auch bewahren. Vorher sollte sie aber mit ihrem letzten Schuß noch ein besonders edles Wild zur Strecke bringen, und das war dann im Frühjahr 1941 ein starker alter Auerhahn in dem Wuchsgebiet der forstlich berühmten Wittingauer Kiefer in Südböhmen. Südlich grenzt das österreichische Waldviertel an.

Der dritte Hahn fiel in der Balz 1943 in einem wiederum völlig anderen Biotop, dem nordwestlich von Prag gelegenen Pürglitzer Forst. Dieses große Waldgebiet war fast durchweg mit reinen gleichaltrigen Fichtenbeständen in regelmäßig gegliederter Altersklassenfolge bestockt, das Ergebnis der Verwirklichung der orthodoxen Lehre vom forstlichen Bodenreinertrag in der grünen Praxis, wie sie in dieser Perfektion nicht einmal in ihrem an Böhmen angrenzenden Ursprungsland Sachsen durchgeführt worden war. Infolgedessen fanden sich in der riesigen Fichtenmonokultur nur noch Reste einzelner eingesprengter kleiner Laubholzoasen, und in einer solchen balzte der Hahn. Es ist dieses ein Biotop, dem bei uns niemand einen Auerwildbestand – geschweige einen so starken wie damals dort – zutrauen würde, ein ausgesprochener Nadelholzkulturwald ohne Unterwuchs von Strauch- und Beerenäsung.

Man glaubt heute, die Ursache für den Rückgang unserer Tetraonenvorkommen in der Biotopveränderung gefunden zu haben. Betrachten wir unter diesem Aspekt zunächst das Auerwild, so haben sich in den knapp dreißig Jahren seit Kriegsende die Biotope nicht derart rapide verändert, daß deswegen bis dahin gute Auerwildstände – teilweise ganz plötzlich – verschwunden sein sollten. Am Sensbacher Friedhof im Odenwald balzten noch während des Krieges regelmäßig sechs bis sieben Hähne, außerdem auf Nebenbalzplätzen in der näheren und weiteren Nachbarschaft ebenfalls etliche. In jedem Frühjahr wurde der stärkste und mutmaßlich älteste Hahn nur auf dem Hauptbalzplatz erlegt. Im darauf folgenden war ein anderer an seiner Stelle. Selbst eine plötzliche Veränderung des Balzplatzes im Frühjahr 1936 hat nur eine kurze Unterbrechung der Balz, obwohl mitten drin am 18. und 19. April, bewirkt, jedoch keine Umstellung oder dauernde Störung der Hähne.

An diesen Tagen fielen unvorstellbare Schneemengen, mehr als im dicksten Winter. Ganze Dickungen wurden einfach niedergewalzt, die Kiefernstangenhölzer umgeknickt, in den Baumhölzern Stämme gebrochen und Wipfel abgesprengt. Der Balzplatz sah, wie überhaupt der ganze Wald, aus, als hätte schwerer Artilleriebeschuß darauf gelegen. Die durch den Wald führenden Straßen und Wege waren zugeworfen und unpassierbar. Für die notwendigsten Aufräumungsarbeiten reichten die im Forstamtsbereich verfügbaren Arbeitskräfte nicht aus; es mußte noch eine Abteilung Reichsarbeitsdienst herangezogen werden. Diese Arbeiten trugen naturgemäß erhebliche Unruhe in den Wald, auch auf dem Balzplatz, den ich baldmöglichst notdürftig aufräumen ließ. Als dieses nach einer Woche beendet war, stellten sich die Auerhähne sofort wieder ein, und schon am 1. Mai wurde durch einen Jagdgast dort wieder ein Hahn geschossen.

Nach meiner Rückkehr aus russischer Kriegsgefangenschaft und der Abstempelung, daß ich trotz meines Einsatzes in Böhmen und Mähren kein Kriegsverbrecher war, bekam ich im Herbst 1947 auf meinen Wunsch mein seinerzeit unbesetztes früheres Forstamt im Odenwald wieder. Auf Grund des inzwischen Geschehenen war ich müde, verbittert, gesundheitlich durch den Aufenthalt im Gefangenenlager auf der Krim schwer angeschlagen und wollte nur noch meinem Walde und Wilde leben. Da mußte ich aber zu meinem großen Bedauern feststellen, daß offensichtlich kein Auerwild mehr da war.

Wenn man früher, einerlei zu welcher Tages- und Jahreszeit, auf der Jagd ansaß, konnte man häufig Auerwild beobachten. Von den Hochsitzen mit gutem Fernblick war oft zu sehen, daß ein Auerhahn von weit her über Berg und Tal angestrichen kam. Daß bei Revierbegängen Hennen plötzlich aufstanden, war ebensowenig eine Seltenheit wie das Auffinden von Gelegen oder brütenden Hennen, welche übrigens den Menschen so nahe herankommen ließen, daß man sie hätte anfassen können. Das schien nun alles vorbei.

Aber im Frühjahr 1950 hatte ich zu meiner Freude doch wieder eine Begegnung mit einem Auerhahn und sogar am hellen Tage. Ich fuhr, von der unter meiner Leitung stehenden staatlichen Forstsamendarre in Gammelsbach kommend, die Bundesstraße 45 hinauf nach Beerfelden. Diese Straße ist, nachdem sie das waldreiche Gammelsbachtal verlassen hat, beiderseitig mit gerade beschnittenen, etwa meterhohen Ligusterhecken eingesäumt. Aus einer Hecke sah ich schon von weitem einen wie eine große dickbauchige Flasche aussehenden schwarzen Gegenstand herausragen. Als ich näherkam, wollte ich meinen Augen kaum trauen, das war ja ein Auerhahn! Bis auf wenige Meter ließ er mich heran, dann hob er sich schwerfällig von seinem ungewöhnlichen Sitz ab und strich in Richtung Sensbacher Friedhof. Ein starker Hahn, den ich wegen seines merkwürdigen Verhaltens zunächst für krank hielt. Das war aber erfreulicherweise ein Irrtum, denn in den Jahren danach wurde er auf dem Hauptbalzplatz mehrfach beobachtet, auch eine brütende Henne im nahen Kiefernbestand. Dieses Gelege ließ der zuständige Revierbeamte sogar mit einem Maschendrahtzaun umstellen, damit es nicht zerstört würde. Einige Tage danach war es trotzdem, oder vielleicht gerade deswegen, vernichtet.

Der Hahn balzte noch jahrelang, allmählich stellten sich auch einige jüngere auf dem altgewohnten Balzplatz ein, wenn auch in respektvoller Entfernung. Zuletzt waren es vier. Da man annahm, daß der Alte die anderen abschlagen, sie nicht zum Treten der

Hennen kommen lassen würde und es früher als richtig angesehen wurde, solche überalterten Hähne zugunsten der jüngeren aus der Wildbahn herauszunehmen, schoß ich ihn in der Balz 1959. Der erwartete Erfolg blieb aber aus, es stellte sich kein anderer Hahn auf dem Hauptbalzplatz ein. Jeder balzte allein irgendwo in der Nachbarschaft. Heute hört man auch dort von ihnen nichts mehr. Nur selten wird einmal noch eine einsame Henne gesehen. Neuerdings wird behauptet, es wäre falsch, den alten Platzhahn abzuschießen. Ob das aber der Stein der Weisen ist? Früher jedenfalls war der Abschuß der alten Hähne dem Bestand nicht abträglich, offensichtlich im Gegenteil! Das habe ich schließlich in den sieben Jahren vor dem Kriege, während denen ich das Forstamt Beerfelden zum erstenmal verwaltete, persönlich zur Genüge feststellen können.

Die Ursachen für den Rückgang unserer Waldhühnerbestände sind bisher nicht zu klären gewesen. Der Biotop – wenigstens primär – kann es nicht sein. Daß Veränderungen daran nicht übelgenommen werden, hat die geschilderte Schneebruchkatastrophe von 1936 bewiesen. Diese Naturkatastrophe war viel einschneidender als alle forstlichen Maßnahmen. Sie hat die Struktur des Waldes viel plötzlicher und merkbarer verändert, hat aber eine Veränderung des Auerwildbestandes ein Jahrzehnt lang nicht bewirkt. Danach setzte sie unerwartet schnell ein. Das Auerwild verschwand aber auch in Gegenden, wo gar keine Biotopveränderung vorgekommen ist, und schließlich habe ich in Böhmen und Mähren erlebt, daß es unter den verschiedensten und ungewöhnlichsten Umweltbedingungen bestens gedeiht, was übrigens nicht nur für Auerwild gilt. In Hessen kam es vorwiegend in Kiefernanbaugebieten vor. So auch in den Revieren auf der Ostabdachung des Vogelsberges, die ich seit meiner Kindheit kenne, ebenso wie ich die Balz als Begleiter meines Vaters dort bereits erlebte. Trotz der sehr pfleglichen Bejagung wurde der Auerwildbestand aber schon seit dem Ersten Weltkriege allmählich, nach dem Zweiten rapide weniger. Das gleiche gilt für die Forstämter um Fulda und im Raume Bad Hersfeld, Bebra, Rotenburg, Melsungen, Spangenberg.

Am längsten hat sich ein nennenswertes Auerwildvorkommen noch in Alsfeld, Grebenau und Schlitz gehalten. In Grebenau stehen noch etliche Gedenksteine im Walde, wo der Großherzog von Hessen oder einer seiner Gäste aus regierenden Häusern einen Hahn erlegten. Bis zum Zweiten Weltkrieg blieb der Bestand unverändert gut, danach ging er langsam, in den letzten Jahren jedoch schneller zurück. Am Biotop hat sich auch dort nichts geändert. Im Gegenteil, seit etwa zwanzig Jahren wird vorzugsweise die Saat und die Naturverjüngung der Kiefer auf den Kahlschlagflächen durchgeführt, im Gegensatz zur früheren Pflanzung in den Kulturen. Und es ist ja bekannt, daß Auerwild mit Vorliebe die Erstlingsnadeln der Kiefernsämlinge äst. Aus diesen Grunde hatte ich meinem Auerwild zuliebe in den dreißiger Jahren um den Sensbacher Friedhof herum ebenfalls Kiefernsaatkulturen angelegt, eine im Odenwald bis dahin unbekannte forstliche Maßnahme.

Ganz ähnlich liegen die Dinge um das Auerwild in der an das Forstamt Grebenau grenzenden Privatherrschaft Schlitz. Die Auerhahnbalz dort war berühmt. Kaiser Wilhelm II. war ebenso Jagdgast des Vaters des jetzigen Besitzers, des Grafen Görtz, wie Zar Ferdinand I. von Bulgarien. Auch hier stetiger, zuletzt schneller Rückgang des Bestandes. Ein Grund für diese Erscheinung, so meinen viele, sei die starke Zunahme des Schwarzwildes seit 1945. Nun, in Schlitz traten schon gegen Ende des Ersten Weltkrieges die Sauen erstmalig in Oberhessen auf. Schwarzwild war hier wie auch im Forstamt Grebenau zwischen den Kriegen, also immerhin über zwei Jahrzehnte hindurch, so zahlreich, daß man in Schlitz, wo ich häufig zur Jagd war und noch bin, Sauen am hellen Tage bei Waldgängen antraf. Das war zu einer Zeit, als noch niemand dort daran dachte, daß das Auerwild einmal verschwinden würde. Heute ist es fast verschwunden, die Sauen aber ebenfalls! Also auch sie sind nicht die Schuldigen.

Allerdings muß hierzu eingeräumt werden, daß es in Böhmen und Mähren bis zum letzten Kriege Schwarzwild in freier Wildbahn nicht gab. Wie es heute und mit dem damals so zahlreichen Auerwild aussieht, weiß ich nicht. Auch Fuchs und Dachs waren dort seltene Tiere. Bei uns jedenfalls kann man diesen den Rückgang des Auerwildes ebenso wenig anlasten wie den Sauen. In den Auerwildrevieren in Oberhessen und im Odenwald waren Füchse und Dachse sehr zahlreich, bis die Tollwut auch zu uns gelangte.

Jetzt haben wir fast keine Füchse und Dachse in der Wildbahn, aber auch kein Auerwild mehr.

Meiner Ansicht nach trägt die zunehmende Unruhe im Walde die Hauptschuld. Im Odenwald ergossen sich zwar im Juli–August alljährlich ganze Ströme von Heidelbeersuchern in die Kiefernbestände, dann aber war Ruhe das ganze Jahr hindurch, abgesehen von der Holzhauerei, welche aber auch nichts ausmachte und im einzelnen Bestand nur periodisch über mehrere Jahre wiederkehrte. Heute aber hat jeder irgend einen motorisierten fahrbaren Untersatz, mit dem er in freien Stunden bis spät in die Nacht alle Waldwege befährt, sich um keinerlei Gebots- oder Verbotsschilder kümmert, Flaschen, Plastiktüten, Papier und sonstwas im Walde herumwirft, alle Kulturen betritt, sich dort lagert und anderes mehr tut, was kein Wild auf die Dauer aushält, am wenigsten das die Ruhe benötigende Auerwild ebenso wie übrigens auch das Rotwild. Beides – damit komme ich zum Ausgangspunkt zurück – ist denn auch am Sensbacher Friedhof verschwunden, seit die Menschen sich dort zu breit machen.

Eines Vormittags, zu der Zeit, als wir im Odenwald noch reichlich Auerwild hatten, in den dreißiger Jahren, fragte ich meinen bei uns zu Besuch weilenden Vater, ob er mal schnell mit zum Sensbacher Friedhof fahren wollte, ich würde ihm einen Auerhahn vorführen. Der alte Herr sah mich etwas zweifelnd an, glaubte wohl, ich hätte gerade einen Frühschoppen gemacht, kam aber doch mit. Kaum 100 m vom Friedhofstor entfernt, als wir die sogenannte »Kirchenhohl« entlangfuhren, kam der Hahn seitlich aus dem Kiefernbestand heraus mit gesträubtem Kragen, schleifenden Schwingen und gefächertem Stoß auf meinen Wagen zu geschossen, als wenn er ihn attackieren wollte. Er lief seitlich wütend ein Stück Weges neben uns her und verschwand dann zögernd dorthin, wo er hergekommen war. Dieses Spiel konnte man in dem Frühjahr, aber nur in dem einen Jahr, beliebig oft wiederholen. Danach war der Hahn spurlos verschwunden. Zweifellos beruhte dieses naturwidrige Verhalten wie bei allem Wilde auf einem krankhaften Zustand.

Es sind ja nun in neuester Zeit Hegemaßnahmen verschiedenster Art, Auerwildhegeringe und anderes in Angriff genommen worden.

Ob sie zum Erfolg führen, wer weiß es? Nach meinen langjährigen Beobachtungen und Erfahrungen mit diesem edlen Wilde erlaube ich mir Zweifel anzumelden. Umweltveränderung, gesellschaftspolitische Entwicklung, Einflüsse der Industrialisierung werden dem zwangsläufig entgegenwirken. Die Natur verarmt in beängstigendem Tempo. Jäger, Heger, alle Freunde der heimatlichen Natur überhaupt kommen auf die Dauer dagegen nicht an. Das Auerwild zählt zu den ausgesprochenen Kulturflüchtern. Ständige Störungen durch Menschen, insbesondere während der Balz- und Brutzeit, hält es nicht aus. So sehr es zu bedauern wäre, ich fürchte, die Tage des Auerwildes in unserer überzivilisierten Landschaft sind gezählt.

Ich aber bin jedenfalls dem Schicksal dankbar dafür, daß mir noch vergönnt gewesen ist, zu erleben, was der alte Jägerspruch so schön ausdrückt: »Dem haben Diana und Venus gelacht, der den Auerhahn schoß in der Frühlingsnacht.«

So wie dem Auerwild in jüngster Zeit ging es schon früher und wesentlich plötzlicher dem Birkwild. Meine erste Begegnung mit einem Kleinen Hahn fand im Frühjahr 1924 statt. Auf Einladung von zwei Corpsbrüdern, Söhnen eines Forstmeisters in Baden, fuhr ich in ein Revier nahe bei Eberbach am Neckar zum Schnepfenstrich und zur Birkhahnbalz. Von Darmstadt aus, wo ich als Referendar Dienst tat, rollte ich per Bahn frohgemut zum erstenmal im Leben in den hinteren Odenwald. Abends schoß ich eine Schnepfe. Es folgte eine lange Sitzung auf dem Jagdhause, bei der wacker das Armbein krumm gemacht wurde, so daß wir am anderen Morgen erst wach wurden, als es schon hell war. Wir schleunigst raus. Auf einem Schälschlag balzte der Hahn tatsächlich noch, aber bereits auf einem der zahlreichen Birkenüberhälter. Im Gegensatz zum Auerhahn, der seine Balz auf dem Baum beginnt und erst gegen deren Ende zu Boden geht, beginnt der Birkhahn auf dem Boden und beendet seine Balz auf dem Baum. Bei der Beobachtung des Balzverhaltens unserer letzten Auerhähne, wenige Jahre, bevor sie ganz verschwanden, fiel übrigens auf, daß sie nach erheblich kürzerer Baumbalz schneller als früher zu Boden gingen. Diese Feststellung wurde in mehreren Revieren gemacht. Eine Erklärung hierfür vermag ich bis jetzt nicht zu finden.

Aber zurück zu unserem Birkhahn, damals vor fünf Jahrzehnten im Odenwald. Er balzte also bereits auf der Birke; heranzukommen war mangels Deckung auf der Schlagfläche kaum möglich. Sehr bald nahm er uns denn auch wahr und ritt ab über das Ittertal gen Westen. Ich fragte, welche Gegend das denn wäre, wohin der Hahn gestrichen war, und bekam die Antwort: »Ins Hessische.« Ich ahnte nicht, daß es mein späterer Forstamtsbezirk sein würde. Dieser Hahn dürfte aber einer der letzten im Odenwald gewesen sein. Ich habe dort nie mehr Birkwild bemerkt oder gar gesehen.

Bis zum Ersten Weltkrieg war der Birkwildbestand des südöstlichen Odenwaldes noch recht gut gewesen. Aber kurz nach Kriegsende war er erloschen! Der Name »Gickelsberg« eines Walddistriktes im Forstamt Beerfelden – auch nur etwa einen Kilometer vom Sensbacher Friedhof entfernt – erinnert an die kleinen Hähne. In hessischer Mundart heißt der Hahn »Gickel«. In diesem Forstort steht heute noch ein Gedenkstein mit unleserlich gewordenem Namen, der davon kündet, daß dort ein Birkhahn erlegt wurde.

Das schnelle, beinahe plötzliche Erlöschen eines Birkwildvorkommens ist schon so häufig in der Jagdpresse erörtert worden – übrigens auch schon das ebenso plötzliche Wiederauftreten dieses Wildes nach großflächigen Biotopveränderungen, wie z. B. ausgedehnten Sturmschäden –, daß die Annahme berechtigt erscheint, Birkwild würde bedeutend empfindlicher und vor allem schneller auf Veränderungen seines Lebensraumes reagieren als das Auerwild. Eine gewisse Berechtigung findet diese Annahme wohl auch in der Entwicklung der forstlichen Bewirtschaftung im Odenwald. Die Hauptwirtschaftsform der hier bis etwa um die Jahrhundertwende überwiegend in bäuerlichem Besitz befindlich gewesenen Waldparzellen war der Eichenniederwald, dessen Hauptnutzung die Eichenlohrinde. Mit der Zunahme der chemischen Gerbmittel wurde der Schälwald allmählich unrentabel und in Nadelholz umgewandelt. Die großen Stockschlagflächen boten dem Birkwild zweifellos sehr günstige Lebensbedingungen, aber ihre Umwandlung ging doch nur ganz allmählich vor sich und benötigte sehr viel längere Zeiträume als das Birkwild zu seinem schlagartigen Verschwinden. Sie ist bis heute noch nicht abgeschlossen, das Birkwild aber seit mehr als fünfzig Jahren verschwunden.

In Hessen gibt es heute nur noch ein einziges, ganz kleines Birkwildvorkommen in der Rhön, im »Roten Moor« unweit der Wasserkuppe. Obwohl dieses – im Privatbesitz – unter Naturschutz gestellt wurde, ist es sehr zweifelhaft, ob sich Birkwild auf der verhältnismäßig eng begrenzten Fläche dauernd halten lassen wird. Daß anderswo in der Bundesrepublik Bestrebungen zu seiner Erhaltung erfolgreich verlaufen und sogar schon zu Anfängen einer Wiedervermehrung geführt haben, wie mehrfach in der Jagdpresse zu lesen war, ist sehr erfreulich und gibt zu einem gedämpften Optimismus Anlaß!

Richtig kennen lernte ich Birkwild erst in Böhmen. Auch bei dieser Wildart interessierte ich mich besonders für ihren Lebensraum. Und da habe ich bei meinem zweiten Hahn – ich erlegte deren drei in drei Jahren – doch eine erstaunliche Feststellung gemacht. Er balzte nämlich schon gegen 18 Uhr auf einem Saatacker inmitten einer bäuerlichen Feldmark, weitab vom nächsten Waldrevier. Ich hatte durch Vermittlung des örtlichen tschechischen Forstamtsleiters von dem Jagdpächter, dem Lehrer des Dorfes, den Birkhahnabschuß im Frühjahr 1942 gepachtet. Er hatte genug Hähne geschossen und nahm das Entgelt für die Unterpacht gerne mit, während ich eigentlich nur aus Zweifel an der Richtigkeit der Behauptung, daß auf diesem blanken Feld Birkhähne balzen sollten, das Abschußrecht erwarb. Gekommen war ich darauf, weil ich bei einer Überlandfahrt im Bereich der Forstdirektion Wittingau in Südböhmen mitten auf dem Felde ein paar Birkhahnschirme hatte stehen sehen.

Als ich am ersten Morgen draußen saß, hörte ich außer Schußweite von meinem Schirm tatsächlich einige Hähne balzen, sah sie auch, wobei mir mein Glas einen starken Hahn auf einem grünen Saatacker begehrenswert erscheinen ließ. Da man mir erzählt hatte, daß die Hähne auch abends dort balzen würden, ließ ich im Laufe des Tages den Schirm in die Nähe des bewußten Ackers rücken und saß gegen 17 Uhr darin. Nach einer knappen Stunde – ich traute meinen Augen nicht, denn zwei Ackerbreiten weiter pflügte ein Bauer noch mit lautem Zuruf an seine Pferde –, fiel der Hahn auf dem Acker ein und begann alsbald, munter zu balzen. Ich ließ den Bauer erst weiterpflügen bis an das entgegengesetzte Ackerende und trug dem schwarzen Ritter dann die Kugel aus der Vierlingspatrone 5,6×35 an, die ihn auf die Stelle bannte. Mit dieser Patrone habe ich meine drei Kleinen Hähne erlegt und war jedesmal sehr zufrieden mit ihrer Wirkung. Ich verschoß sie aus einer einläufigen Kipplaufbüchse mit Fernrohr.

Daß Birkwild in einem landwirtschaftlich genutzten Feldrevier vorkommt, die Hähne auf den bestellten Äckern balzen, sogar wenn auf Sicht- und Hörweite Menschen auf den Feldern arbeiten, hätte ich nie geglaubt, wenn ich mich nicht persönlich davon hätte überzeugen können. Auf jeden Fall widerspricht solches Verhalten allem, was über die Lebensweise dieses Wildes gesagt und geschrieben wird, und ebenso der Tatsache, daß es verschwindet, wenn sein Lebensraum sich infolge intensiverer Nutzung verändert. Es ist dieses wiederum eines der zahlreichen Rätsel der Natur, die wir mit all unserer Wissenschaft bisher nicht zu lösen vermocht haben.

In diesem Zusammenhang muß ich auch die kleinste Art unserer Tetraonen erwähnen, das Haselwild. Dieses ist in Hessen schon länger als das Birkwild, welches ja auch schon vor dem Auerwild am Verschwinden war, fast ausgestorben. Geringe Reste haben sich nur noch in ausgedehnteren Ausschlagwaldgebieten, wie im östlichen Taunus, Dillbergland, den Siegener Haubergen und ähnlichen Biotopen, erhalten. Ich selbst habe Haselwild nur in den Beskiden erlebt, auch hin und wieder im Herbst, aber nur selten mal versucht, beim Spissen einen Hahn zu erlegen. Aber es ist mir nie gelungen, denn diese Hähnchen erscheinen immer da, wo man sie gar nicht erwartet, und dann haben sie auf jeder Feder ein Auge. Man braucht nur den Kopf zu drehen, und fort sind sie. Sie hielten sich mit Vorliebe auf in den urwaldähnlichen Laubholzbeständen aus Buchen und Bergahorn mit reichlich Unterwuchs. Aber – und jetzt kommt wieder etwas gegen jede Regel über Lebensraum und Lebensweise des Haselwildes – ich habe einmal, als ich zur Blattzeit im Beskidenforstamt Ober-Althammer pirschte, mitten auf einem breiten, sandigen, durch reine Fichtenhochwaldbestände führenden Holzabfuhrweg eine Haselhenne angetroffen, wie sie dort mit ihrem Gesperre huderte. Obwohl die Jungen schon beflogen waren, kann sie doch nicht allzuweit weg gebrütet haben. Aber weit und breit befanden sich keinerlei Laubholzbestände, von Urwald überhaupt nicht zu reden, wie in den übrigen Beskidenforstämtern. Das Forstamt Ober-Althammer war ein reines Fichtenhochwaldrevier.

Von meinen drei Birkhähnen schoß ich den ersten und den dritten in landläufigen Birkwildbiotopen, den ersten in einem weiten Moorgebiet, den anderen in einer Heidelandschaft.

Es war schon von ungewöhnlichem Reiz, in aller Morgenfrühe durch das stockfinstere Moor zum Schirm zu gehen, aufzupassen, daß man nicht in einen Graben oder ein Wasserloch trat. Dann die Spannung des Wartens im Schirm bis zu den ersten Anzeichen der Morgenröte. Plötzlich ein Schwingensausen und ein Plumps. Der erste Hahn ist eingefallen. Nicht lange, er beginnt zu kullern, zischen, fauchen, und man sieht bei langsam zunehmender Helligkeit den schwarzen Federball auf dem Boden laufen, sich drehen, hochspringen. Von mehreren Seiten hört man Birkhähne balzen, sie kommen sich näher, fahren gegeneinander los, es kommen noch andere angestrichen, wo anders kämpfen welche, trennen sich wieder. Es ist ein Leben, ein Betrieb, ganz anders als die stille, geheimnisvolle Auerhahnbalz, die ich trotz allem der Balz der Birkhähne vorziehe. Als nun der Sonnenball höher kommt und die ersten Strahlen zur Erde sendet, verschweigen sämtliche Hähne, bleiben regungslos an dem Platz, wo sie sind, als wenn sie Morgenandacht hielten. Nach wenigen Minuten geht der Balzbetrieb wieder los, und nun wird es Zeit, den Hahn mit den stärksten Sicheln auszusuchen, anzuvisieren und, wenn er einen Augenblick verharrt, den Stecher zu berühren. Der Hahn sinkt einfach in sich zusammen, bleibt mit ausgebreiteten Schwingen liegen, aus dem Schnabel sickern ein paar rote Tropfen. Ich bleibe bei meinem ersten Birkhahn noch eine Weile auf dem Jagdstuhl sitzen, bis das Sonnenlicht das Moor überstrahlt und alles Birkwild von der Bildfläche verschwunden ist.

Mit meinem dritten und letzten Birkhahn verknüpft sich eine nette kleine Episode. Im Frühjahr 1943 war ich in ein großes Heidegebiet im Südwesten Böhmens gefahren. In meiner Begleitung befand sich ein Stabsjägermeister aus der deutschen Verwaltung, der auch einen Birkhahn schießen sollte. Er hatte vorher in einem Dorfkrug nicht allzuweit vom Balzrevier Quartier gemacht, damit wir am anderen Morgen keine lange Anfahrt hätten. Nun, dieses Gasthaus war für meine Begriffe mehr als primitiv, vor allem haftete dem Bett die Patina des Schlummers mehrerer Vorgänger an, die mich bewog, den Lodenmantel über diese Bettwäsche einschließlich Kopfkissen zu decken und mich in Kleidern draufzulegen. Die wenigen Stunden bis zum Aufbruch am anderen Morgen gingen mit schlechtem Schlaf vorüber, merkwürdigerweise ohne Wanzen, wie sie oft auch in besseren Gaststätten zum lebenden Inventar gehörten. Ich war froh, als ich der bereits in der Küche hantierenden, keineswegs attraktiven Wirtsfrau das Geld für die Übernachtung in die Hand drücken und mich nach draußen absetzen konnte.

Der Stabsjägermeister ließ sich noch schnell ein Glas heiße Milch geben. Wir schossen jeder unseren Hahn und kamen zum Wagen zurück, der vor dem Wirtshaus stand. Ich setzte mich gleich ins Auto, der Stabsjägermeister ging nochmals in die Küche, um seine Übernachtung und die Tasse Milch zu bezahlen. Als er wieder erschien, war er ganz grün im Gesicht und würgte. Auf meine Frage, was ihm denn plötzlich über die Leber gelaufen sei, brachte er mit Mühe heraus, in der Küche habe ein Kind auf dem Topf gesessen, aus welchem ihm die Wirtin in der Frühe die Milch eingeschenkt hatte! Mir schmeckte das Frühstück im Hotel in Budweis, wo wir auf der Rückfahrt nach Prag Rast machten, vorzüglich, er konnte immer noch nichts essen!

Auf absehbare Zeit wird es in Zukunft wohl noch sehr wenigen deutschen Jägern vergönnt sein – vielleicht auch überhaupt nicht mehr –, im eigenen Land im Frühling auf einen Auer- oder Birkhahn waidwerken zu können. Es bleibt jetzt nur noch zu hoffen, daß die letzte stimmungsvolle Jagdart im Frühjahr, der Schnepfenstrich, nicht auch verlorengeht. Die Gefahr besteht. Bereits in den fünfziger Jahren stellten einige westeuropäische Länder an die Bundesrepublik das Ansinnen, sich einer internationalen Vereinbarung anzuschließen und den Schonzeitbeginn für die Waldschnepfe auf den 1. März festzusetzen. Damit wollte man den Abschuß in Deutschland im Frühjahr ausschalten, weil dieser angeblich an dem zahlenmäßigen Rückgang der Schnepfen schuld wäre. Das ist barer Unsinn, um es einmal klar und deutlich auszudrücken! Die Auswertung der Jagdstatistiken aus dem letzten Jahrzehnt ergibt, daß z. B. in den Ländern Hessen und Rheinland-Pfalz die Abschußziffern der Schnepfen sich im Durchschnitt um die Hälfte der Rotwildabschußzahlen bewegen! Für den Rückgang des Schnepfenbesatzes in Westeuropa ist viel mehr als die deutsche Jagdausübung auf dem Frühjahrsstrich der Fang in Netzen und Schlingen vor dem 1. März, also bevor die Schnepfen zu uns kommen, verantwortlich zu machen. Die Suche, das Buschieren, die Treibjagden im Herbst könnte man unbedenklich, den Fang in den westeuropäischen Ländern vor dem 1. März müßte man durch internationales Übereinkommen verbieten. Als Jagdzeit im Frühjahr würde der Monat März genügen, denn die heutige Regelung in der Bundesrepublik bis zum 15. April ist zu lang! Anfang April sind bereits Gelege gefunden und brütende Schnepfen angetroffen worden, auch von mir selbst. Und dann ist sehr wesentlich, daß man darauf verzichtet, möglichst viele Schnepfen in einem Frühjahr zu erbeuten, und sich mit einer oder zwei begnügt. Bei paarweise streichenden Schnepfen schieße man die hintere, im Zweifelsfalle das Männchen.

Im übrigen unterliegt das Schnepfenvorkommen erheblichen jährlichen Schwankungen. Seit 1956 hörte und sah man trotz schönsten Frühjahrswetters beim Abendstrich kaum eine Schnepfe, 1955 war dagegen der Strich außergewöhnlich gut. Den besten habe ich 1921 in den Semesterferien zu Hause im Vogelsberg erlebt. Ich schoß damals dort die erste Schnepfe des Jahres am 11. März und zählte einwandfrei von meinem Stande – und zwar nicht doppelt oder mehrfach – über 20. Der Schnepfensegen dauerte aber nur drei Tage, dann waren die Vögel weiter nach Norden gezogen.

Ich bin seit den Anfängen meines Jägerlebens in jedem Frühjahr zum Schnepfenstrich hinausgegangen. Der sehr angesehene ehemalige Hessische Jagdklub mit dem Sitz in Darmstadt vergab alljährlich an den Erleger der ersten Frühjahrsschnepfe eine kleine silberne Münze, die man an den Jagdhut stecken konnte. Diese zu bekommen, war mein Wunsch. Er bewog mich bereits 1918, als ich den ersten Jahresjagdschein bekam, auch gleich dem Klub beizutreten. Einmal schoß ich am 6. März bei wirbelndem Schneegestöber in Oberhessen eine laut balzende Schnepfe und glaubte schon, der Schnepfenmünze sicher zu sein, da war bereits am 5. März die erste

Schnepfe des Jahres in der Mainebene erbeutet worden. Die ganz früh geschossenen Schnepfen sind zweifellos Lagerschnepfen, welche in unseren Breiten überwintert haben. Da sie früh balzen, schreiten sie auch zeitig zur Brut. Sie sind darum nach meinem Dafürhalten für unsere Reviere am wertvollsten, weil sie über Winter nicht fortziehen. Deshalb sollte man künftig auch nicht allzu früh im Frühjahr – keinesfalls vor dem 1. März – mit der Jagd beginnen, um die Standschnepfen nicht totzuschießen. Ihre zweite Balz kann man, wie ich häufig, bei der Jagd auf den Rehbock im Juni beobachten.

Ich habe den Schnepfenstrich erlebt in Hessen, Baden, Niedersachsen, Pommern, Mecklenburg, Schlesien und der Tschechoslowakei. Immer hat er mich erneut in seinen Bann gezogen. Am stimmungsvollsten aber finde ich diese Jagd im Gebirge. Deshalb fahre ich auch heute noch jedes Frühjahr, wenn die heimgekehrten weißen Bachstelzen in meinem Garten in Darmstadt mir anzeigen, daß auch der Vogel mit dem langen Gesicht nun wieder aus der Fremde zurück sein muß, in mein altes Forstamt im Odenwald und beziehe den gewohnten Stand am Berghang. Von da kann ich weit hinaus ins Land blicken. Dort warte ich, bis der Abend langsam herabzusinken beginnt, die Natur sich zur Nachtruhe begibt. Der Vorfrühlingstag klingt aus in den langsam verstummenden Liedern der Drosseln rundum. In der zunehmenden Dämmerung läuten die Glocken aus den Dörfern unten in den Tälern den Abend ein. Plötzlich steht glitzernd am Himmel der Schnepfenstern und nun ein Puitzen, dann einmal, zweimal Quorren, näher, immer näher. Voller Spannung geht der Blick rundum in den Abendhimmel. Ein Schatten geistert über den Baumkronen des Hochwaldes weiter unten vorbei, die erste Schnepfe des Jahres! Es ging aber alles zu schnell, sie war nur kurz zu sehen. Deshalb blieb der Schuß im Lauf, er schien nicht sicher genug! Es muß ja auch nicht immer etwas geschossen werden, zumal an einem solchen Abend zur Zeit des wiedererwachenden Lebens in der Natur. Ihn zu erleben, ist beglückend genug. Das Wissen, daß man Beute machen kann, wenn man will, genügt schon. Ohne dieses Wissen und diese Möglichkeit würde die Spannung fehlen und damit der Reiz solcher Frühjahrsabende, die Besinnlichkeit, die Stimmung. Ein gewöhnlicher Abendspaziergang in noch so schöner Frühlingslandschaft kann dem Jäger dies alles nicht ersetzen. Auch dem Morgenstrich der Schnepfen fehlt diese Stimmung.

Allerdings, das mich am stärksten beeindruckende Schnepfenerlebnis hatte ich im Morgengrauen des 23. April 1945 in der Hauptkampflinie auf dem Beskidenkamm zwischen der Slowakei und Mähren. Das Datum weiß ich deshalb so genau, weil ich es in dem alten Waldheilkalender, welchen ich immer in der Tasche trug, vermerkte und dieses zerflederte Notizbuch merkwürdigerweise alle Filzprozeduren in der russischen Kriegsgefangenschaft überstand. Wir hatten im Wald in der Nacht Stellung bezogen mit dem Befehl, den russischen Vormarsch aufzuhalten, bis eine SS-Division sich abgesetzt haben würde. Mit dem ersten Lichtschein am Osthorizont setzte das russische Feuer auf unsere Stellung ein. Feindliche Artillerie und Granatwerfer schütteten einen Eisenhagel über die Reste unseres in der Mehrzahl aus klapprigen Greisen bestehenden Landesschützenbataillons aus, ein wahres Inferno! Mitten in diesem Feuerzauber hörte ich auf einmal über mir eine Schnepfe puitzen, mehrmals, dann auch quorren, und ein Pärchen strich über unsere Stellung hin. Bei all der Aussichtslosigkeit der Situation gab mir die unerschütterliche Lebensenergie dieser kleinen Geschöpfe, welche wie ein Gruß aus der Heimat anmuteten, die Zuversicht zum Gelingen meines denn auch geglückten Planes, die Reste des Bataillons langsam und vorsichtig vom Feind unbemerkt im urwaldähnlichen Gelände zurückzunehmen, bis wir in eine mir von der Jagd her bekannte Gegend im tschechischen Forstamt Althammer gelangten, wo wir die Nacht abwarten konnten für den Rückmarsch in Richtung Westen.

Kapitel 3 Bunte Erinnerungsblätter

Es war im Sommer 1924. Als Forstreferendar in Darmstadt tätig, folgte ich einer Einladung in den badischen Odenwald. In dem großen, vorwiegend mit Eichenschälwald auf ziemlich steilen Hängen bestockten Revier war es nicht leicht, einen Rehbock zu bekommen, denn Wiesen und Äcker fehlten, die Niederwaldkahlschläge wuchsen sehr schnell wieder zu. Die zwischen den Stockausschlägen sprießenden Gräser und Kräuter wie auch die zarten jungen Eichenlohden boten dem Wild bei bester Deckung so reichliche Äsung, daß man es eigentlich nur bei der Pirsch – und zwar ganz früh am Morgen – auf den die Schläge durchquerenden Horizontalwegen antraf. So auch an dem bewußten Junimorgen, als ich einen solchen Weg entlangpirschte, der zuständige Forstaufseher, wie die dortigen Revierbeamten damals hießen, hinter mir. Als ich um eine Wegebiegung herumkam, sah ich mich mitten auf diesem Weg in guter Schußweite einem Rehbock gegenüber, der mich starr vor Überraschung anäugte. Gedankenschnelles Ansprechen des kurzen, gedrungenen schwarzen Gehörns und Hochnehmen der Büchsflinte war eins. Schuß auf den Stich, der Bock brach im Knall zusammen. Und ehe ich es begreifen konnte, sauste schon der alte Forstaufseher mit wehendem weißen Bart in einer nie zugetrauten Geschwindigkeit an mir vorbei, griff sich den Bock, schwang ihn sich über die Schultern und lief den Weg zurück, den wir gekommen waren. Er rief mir zu »schnell, schnell« und machte erst nach der zweiten oder dritten Wegebiegung halt. Ich war ihm völlig verständnislos gefolgt. Befragt über den Grund seines unerklärlichen Verhaltens gab er zur Antwort, ich hätte den Bock jenseits der Grenze auf fremdem Jagdgebiet geschossen. Das ging mir denn doch über die Hutschnur, und mein Vorhalt, warum er mir denn nicht rechtzeitig gesagt hätte, daß wir an der Jagdgrenze wären, klang sicher nicht sehr freundlich. Er entschuldigte sich damit, er hätte nur mal sehen wollen, ob in der Nachbarjagd Wild stünde, und nicht geglaubt, daß ich so schnell mit dem Schuß bei der Hand wäre. Nun, mir war garnicht wohl bei der Geschichte, deckte aber schon im Interesse des Forstaufsehers den Mantel des Schweigens darüber. Aber die Lehre zog ich doch für die Zukunft, mir als Jagdgast in einem fremden Revier die Grenzen genauestens beschreiben und zeigen zu lassen, auch dann, wenn ich unter Führung eines Beauftragten des Jagdherrn jagte.

In einem der vorangegangenen Kapitel habe ich bereits erwähnt, daß in meiner Jugend das Rehwild auf Treibjagden mit Schrot geschossen wurde, auf der Einzeljagd allerdings mit der Kugel. Wenn der Schrotschuß auf höchstens etwa 25 m Entfernung abgegeben wurde, gut saß und vor allem nicht zu grobes Schrot oder gar Posten verwendet wurden, dann war die Wirkung auf die Rehe schlagartig. Bereits bei meinem ersten auf der Treibjagd erlegten Stück, einem guten, meinem zweiten Bock, erlebte ich das. Er erhielt den Schuß in voller Flucht, als er von einer hohen Böschung herabsprang, und überschlug sich in der Luft wie ein Hase, sofort verendet. Ich habe aber auch erlebt, daß beschossenes Rehwild nicht zeichnete, wie gesund weiterflüchtete und trotzdem plötzlich zusammenbrach. Geschah das nicht in Sichtweite eines Schützen oder Treibers, so unterblieb gewöhnlich in der Annahme von Fehlschüssen die Nachsuche. Im übrigen war eine solche meistens auch recht problematisch, da Rehwild bei Schrotschüssen im allgemeinen nicht schweißt, sofern nicht ein Schrotkorn ein Blutgefäß getroffen hat. Auf derartigen Wundfährten aber tun sich nicht nur die Hunde sehr schwer, sondern auch ihre Führer. Denn wenn weder Schweiß, Schnitthaar, Knochensplitter noch sonstige Pirschzeichen zu finden sind, vertrauen nur solche Führer ihrem Hunde, daß er die richtige Fährte arbeitet, welche sehr große Erfahrung mit ihm haben, vor allem aber auch die nötige Geduld und Ausdauer aufbringen. Häufig wird in solchen Fällen die Nachsuche aufgegeben in der Annahme, das Stück sei gefehlt. Dieses aber verendet langsam unter Qualen in irgend einer Dickung, oft sehr weit vom Anschuß, weil vielleicht nur ein Schrotkorn waidewund getroffen hat, und verludert. Bei größerer Schußentfernung und der dadurch bedingten stärkeren Streuung der Schrote ist die Gefahr des Treffens nur einzelner Körner besonders groß. Dieses ist um so mehr der Fall, je gröber das Schrot ist und am schlimmsten bei der Verwendung von Posten, weil die Deckung des Schusses, je stärker die Korngröße, rapide abnimmt. Im Bereich meiner heimatlichen Jagden war der Schuß mit Posten auf Rehe überhaupt verboten, was vom Jagdleiter bei Beginn jeder Treibjagd ausdrücklich angesagt wie auch immer darauf verwiesen wurde, Weitschüsse zu unterlassen. Die Schrotschießerei auf Rehwild nahm dann dort bald nach Beendigung des ersten Weltkrieges deshalb ein Ende, weil Treibjagden auf Rehe eingestellt wurden. Der stärkere Abschuß während der Lebensmittelknappheit der letzten Kriegsjahre mußte durch Hege wieder ausgeglichen werden.

Ähnliche Maßnahmen seitens weiterer Kreise der Jägerschaft im ganzen Lande führten dazu, daß schon lange vor dem Verbot des rauhen Schusses auf Schalenwild durch das Reichsjagdgesetz kein waidgerechter Jäger seine Rehe mehr mit Schrot erlegte. Selbst auf Sauen hörte man mit dem Postenschuß ziemlich bald auf, da er in seinem Erfolge zu unsicher war.

Sehr übel war, daß Jagdpächter, welche mit ihren Revieren an die damalige einzige Rotwildinsel in Oberhessen, die Privatforstverwaltung des Grafen Solms-Laubach, angrenzten, auf den Treibjagden sogar Rotwild mit Schrot beschossen. Als ich 1923 in der dortigen Gegend meinen Vorbereitungsdienst als Forstreferendar ableistete, hatte ich mir alsbald die Feindschaft dieser Schützen zugezogen, weil ich in aller Öffentlichkeit die Verwendung von Schrot auf Rotwild als Aasjägerei bezeichnete.

Einmal in meinem Leben habe ich – allerdings ohne Absicht – einen Rehbock im Bast erlegt. Das kam, weil infolge der zunehmenden Verknappung der Ernährungsgrundlagen für Mensch und Tier gegen Ende des ersten Weltkrieges auch Abschüsse in der Schonzeit getätigt werden mußten, um Wildbret vornehmlich für Krankenhäuser und Lazarette zu beschaffen. Aus diesem Grunde hatte das hessische Innenministerium im letzten Kriegswinter die am 1. Januar beginnende Rehwildschonzeit für Einzelfälle aufgehoben. So ließ denn auch mein Vater Rehwild hin und wieder im Anfang der Winterschonzeit auf der Einzeljagd abschießen, um das Wildbret dem Reservelazarett in unserer Kreisstadt zur Verfügung zu stellen. Als aber einmal die Anforderungen von dort sehr dringend wurden, mußte eine kleine Drückjagd angesetzt werden. Wegen der Brennstoffknappheit in den Schulen waren die Weihnachtsferien verlängert, ich war zu Hause und nahm an dieser Jagd teil. Mir kamen zwei Stück Rehwild sehr flüchtig, aber hinreichend nahe. Mit dem ersten Schuß aus der Doppelflinte ließ ich das vordere Stück roulieren, das andere machte auf den sofort folgenden zweiten Schuß eine Volte und brach dann zusammen. Jetzt erst erkannte ich ein Gehörn zwischen den Lauschern. Ein älterer Bock, der sein starkes engstehendes Gehörn in der zweiten Januarhälfte schon bis kurz über die Lauscher und bis zum Ansatz der Vordersprosse geschoben hatte, lag vor mir. Obwohl der Abschuß durchaus nicht contra legem war, empfand ich ihn doch nicht als waidgerecht. Trotzdem habe ich das Gehörn abgekocht, und es hing bei meinen anderen Rehwildtrophäen bis zu deren Vernichtung 1945.

Früher lernte man einen Blattschuß anbringen, indem man am Vorderlauf mit dem Korn oder Fernrohrabsehen hochging. Das tat ich auch bis zu meinem ungefähr zehnten Rehbock im heimatlichen Jagdrevier. Nachdem ich am Vorderlauf des in guter Schußweite am Rande einer Fichtenkultur stehenden Bockes hochgefahren war, brach er im Schuß zwar vorne ein, war aber sofort verschwunden. In der Annahme, er hätte einen guten Blattschuß, wollte ich ihm erst einige Minuten Zeit zum Verenden lassen. Ich erspare dem beschossenen Wild nämlich nach Möglichkeit den Anblick des Menschen, noch viel mehr das Anfassen durch ihn, weil erst damit die furchtbare Angst aufkommt. Deshalb gebe ich auch grundsätzlich nur Fangschüsse, selbst auf die Gefahr, daß dabei etwas Wildbret zerstört würde. Ich halte solches jedenfalls für das kleinere Übel, als dem Wilde die Todesqual noch durch die Erscheinung seines Todfeindes Mensch – der ansonsten sein Freund sein will – zu verstärken. Darum finde ich auch das Abnicken scheußlich, zumal seitens ungeschickter oder ungeübter Jäger. Ich habe in meinem Leben ein einziges Mal im eigenen Forstamt am Ende einer langen Nachsuche einen laufkranken Rehbock, den einer meiner Revierförster beschossen hatte, mit dem Waidmesser durch einen sofort wirkenden Stich hinter dem Blatt ins Herz abgefangen. Einen

Fangschuß konnte ich nicht abgeben, weil mein Deutschlanghaarrüde den sich heftig wehrenden Bock an der Drossel festhaltend zu Boden drückte und ein Schuß den Hund gefährdet hätte.

Nun zurück zu dem von mir beschossenen Bock auf der Fichtenkultur. Nachdem ich dachte, er sei verendet, ging ich zum Anschuß. Dort fand ich Schweiß, Knochensplitter und eine Schleifspur in die Kultur hinein. Beim Nachgehen sah ich den Bock vor mir in seltsam hüpfenden Bewegungen, Hinterhand hoch, sich mühsam fortquälen. Ich brach ab und fuhr schleunigst nach Hause, holte den zuständigen Revierförster mit Hund. Nachdem hierüber fast eine Stunde vergangen war, fanden wir den Bock noch lebend etwa einen Kilometer vom Anschuß entfernt in einem Wasserloch. Die beiden Vorderläufe waren ganz oben abgeschossen. Ein elender Schuß, der nie die rechte Freude an dem knuffigen Gehörn des sehr alten Bockes bei mir hat aufkommen lassen. Aber auch diese Trophäe hing als ständiger Mahner bis 1945 unter den anderen. Ich versuche seitdem nur noch eine Handbreit über dem Winkel zwischen Vorderlauf und Rumpfunterkante hinter dem Blatt abzukommen.

Daß auch Rehböcke aus Liebe blind werden, erlebte ich am 22. Juli 1930. Ich habe das Datum deshalb so genau im Kopfe, weil es der Geburtstag meiner Mutter war, an dem ich zum Nachmittagskaffee die 20 km nach Hause fahren wollte. Ich hatte 1930 im Forstamt Alsfeld ein Wegenetz zu projektieren. Am späten Vormittag ging ich im Distrikt Webersberg, einem mit älterem Laubholz bestandenen etwa 200 m breiten Geländerücken, auf dem Kammwege entlang. Dieser Rücken zieht sich ungefähr über einen Kilometer in ein großes Wiesengelände, die »Oberschwarz«, hinunter. Von der Kammlinie aus sah man durch die Bestandsränder rechts und links die Wiesen durchschimmern. Plötzlich kamen von der Wiese rechts zwei sehr flüchtige Rehe. Ein Bock trieb die Ricke auf mich zu. Auf mein Fiepen verhofften sie, und schon hatte ich den Bock als jagdbar angesprochen und ließ die Kugel fliegen. Ich merkte aber sofort, daß ich überhastet geschossen und daher vermutlich gefehlt hatte. Schnell eine neue Patrone in die Büchsflinte. Die Rehe waren auf den Schuß abgesprungen. Ich fiepte abermals, und tatsächlich, kaum glaublich, der Bock kam zurück. Zu seinem

Verderben, denn dieses Mal warf ihn die Kugel um. Trotz des schnellen Ansprechens war er richtig; alt genug und abschußreif.

Ein unwahrscheinlich anmutendes Erlebnis hatte ich einmal in der Blattzeit. Auch hier kann ich mich an den Tag, den 28. Juli, genau erinnern, denn es war der Geburtstag meiner Schwester, zu welchem ich von meinem Odenwaldforstamt aus mit meiner Frau nach Alsfeld in Oberhessen gefahren war. Das Jahr habe ich nicht mehr genau im Kopfe, aber es war kurz nach dem Inkrafttreten des Reichsjagdgesetzes, also wohl 1936. Mein Schwager hatte die Jagd in einer staatlichen Revierförsterei gepachtet, wenige Kilometer von seinem Wohnort entfernt. Nach dem Mittagessen meinte er, wir sollten doch mal durch das Revier fahren, vielleicht träfen wir einen Rehbock, den ich schießen könnte. Zum Geburtstagskaffee wären wir wieder zurück. Gesagt, getan; wir fuhren auf einer Forststraße, zur Linken ein mit Basaltgeröll übersäter Hang, dazwischen Buchenjungwüchse und darüber alte Buchenstämme. Plötzlich sahen wir Bock und Ricke zwischen den Felsbrocken und dem Gesträuch stehen. Mein Schwager sprach den Bock als jagdbar an. Die Rehe fühlten sich sicher in der Deckung und hielten das Anhalten des Autos und Aussteigen von meinem Schwager und mir aus, äugten dem Wagen nach, den der Fahrer langsam weiterrollen ließ. Ich konnte in aller Bequemlichkeit den Bock anvisieren und schießen. Erstaunlicherweise sprang er wie gesund ab, die Ricke sahen wir nicht mehr, hatten aber auch nicht sonderlich auf sie geachtet. Auf dem Anschuß fanden wir nichts. Als wir im Umkreis umherblickten, sah ich den Bock liegen. Aber nein, im Herantreten erkannte ich zu meinem Entsetzen, daß das vor mir liegende Reh ja ein Schmalreh war. Mein Schwager meinte, ich hätte die beiden Stücke beim Schuß verwechselt, ich widersprach dem jedoch. Wie ich das Schmalreh dann genauer untersuchte, entdeckte ich drei Einschüsse und am Geäse ein erbsengroßes Stück abgeschürfte Decke. Da begann mir der Zusammenhang zu dämmern. Das Geschoß hatte höchstwahrscheinlich, von einem vor dem Bock nicht zu erkennenden Ast oder einer Gerte abgelenkt, einen Basaltbrocken getroffen, sich dort zerteilt, und die Splitter hatten ausgerechnet das unglückliche, vielleicht 15 m schräg seitlich vom Bock stehende Schmalreh erwischt. Das bestätigte sich dann auch beim Zerwirken.

Passiert war ja nun weiter nichts, mir die Sache aber trotz allem höchst peinlich. Als ich meinem Kollegen, dem zuständigen Forstmeister, Selbstanzeige über den Schmalrehabschuß in der Schonzeit erstattete, meinte er nur, es würde mir ja wohl niemand unterstellen, daß ich absichtlich während der Blattzeit ein Schmalreh anstatt eines Bockes schösse. Damit war die Angelegenheit erledigt. Ich aber war froh, daß ich bei der Affäre zwei Zeugen hatte, denn auch der Fahrer hatte alles beobachten können.

Die vorsichtshalber noch durchgeführte Nachsuche ergab, daß der Bock nichts abbekommen hatte. Wenn die guten Wachtelhunde meines Schwagers – er ist einer der bekanntesten Gebrauchshundemänner und züchtete insbesondere Wachtelhunde und Deutsche Jagdterrier – nichts fand, war das beschossene Wild gesund.

Ich zerbrach mir damals lange den Kopf über die eigenartige Geschoßwirkung. Die Ablenkung durch Ast oder Stein, selbst der blöde Zufall, daß ausgerechnet die Ricke getroffen wurde, mochte noch einigermaßen plausibel sein. Wieso sich aber das Geschoß derart zerlegen konnte, wurde mir erst Jahre später klar, nachdem ich seine unberechenbare, unzuverlässige Wirkung mehrmals feststellen mußte. Blieb das Wild einmal bei gar nicht so besonders guten Schüssen am Anschuß, so ging es bei unbedingt tödlichen Schüssen ein andermal wie gesund ab und erforderte schwierige Nachsuchen. Allmählich kam ich dahinter, daß die schlechte Schußwirkung vorwiegend bei schwächerem Wild, also Rehen, eintrat, während sie bei Rotwild einigermaßen befriedigte. Als aber ein in einem mährischen Revier in der Blattzeit 1939 beschossener Rehbock erst nach zweitägiger Nachsuche und dann noch lebend zur Strecke kam und sich herausstellte, daß das sauber auf dem Blatt aufgeschlagene Geschoß nicht durchgegangen war, sondern das obere Kugelgelenk des Vorderlaufes zur Hälfte abgeschlagen hatte, dann auf der Blattschaufel entlanggewandert nur noch den Schlund des armen Bockes beschädigt hatte, da war mir der Kragen geplatzt. Bei meinem nächsten Heimaturlaub ließ ich meine Büchse wieder mit den früher verwendeten Patronen einschießen, und von Stund' an hatte ich keine Anstände an die Geschoßwirkung mehr.

Nun die Ursache der ganzen Misere? Aus meiner Repetierbüchse 8×60 S verschoß ich ursprünglich das 26 mm lange Teilmantelgeschoß 12,7 g mit einer Pulverladung von 3 g Rottweiler Blättchenpulver Nr. 5. Mit der Wirkung war ich immer durchaus zufrieden gewesen. Aber unter dem Motto, das Bessere sei des Guten Feind, ließ ich mich um die Mitte der dreißiger Jahre herum vom Büchsenmacher überreden, das damals noch neue, angeblich totsicher wirkende H-Mantelgeschoß zu verschießen. Die Büchse wurde also damit eingeschossen. Der erste Schuß auf Wild war der verhängnisvolle in der Blattzeit in Alsfeld, bei dem das Schmalreh getroffen wurde, bis nach den vorher erwähnten weiteren Erfahrungen dann schließlich die Geschichte mit dem Bock in Mähren passierte. Nie wieder kam mir ein H-Mantelgeschoß in eine Büchse, und nie wieder hatte ich Ärger mit der Geschoßwirkung meiner alten Patrone, selbst bei weniger guten Schüssen. Seit wir nach Ende des letzten Krieges wieder jagen dürfen, führe ich eine Repetierbüchse 8×57 S und verschieße daraus wieder nur das altbewährte Teilmantelgeschoß 26 mm, 12,7 g mit 3,25 g R-5-Pulverladung mit bestem Erfolg vom Rehkitz bis zum Elchschaufler.

Vor einem Brunfthirsch bin ich einmal regelrecht ausgerissen, er hinter mir her. Es war in meinem Odenwaldforstamt in der Hochbrunft. Ich pirschte nachmittags gegen 17 Uhr auf den Wegen, welche die vom 1936er Schneebruch gelichteten Kiefernbestände durchzogen. Unter den zahlreichen von überall den Hängen her ertönenden Brunftschreien hörte ich eine grobe Stimme, die mir der näheren Überprüfung wert schien. Der Hirsch mußte auf gleicher Höhe mit mir auf einer bekannten größeren Schneebruchblöße stehen. Der in seine Richtung führende Pirschpfad war aber nicht von den Überresten des Bruchholzes gereinigt, so daß beim Angehen des Hirsches Geräusche nicht zu vermeiden waren. Das war aber weiter nicht schlimm, denn in der Brunft vermutet ein Hirsch, besonders innerhalb eines Bestandes, viel eher einen anwechselnden Nebenbuhler als einen Menschen. Man muß nur metallisches Klappern mit Gewehr, Glas und ähnlichem vermeiden. So war es denn auch hier, der Hirsch hatte mich bereits vernommen, denn ich hörte ihn wütend schreiend auf mich zukommen. Ab und zu hörte ich ihn dazwischen schlagen, er war offensichtlich in höchster Erregung und wild darauf, den Gegner anzunehmen. Er kam immer näher, aber ansprechen wäre in dem Gewirr von Baumkronen, Ästen und sonstigem Holz sowieso unmöglich gewesen, so daß es am klügsten erschien, umzukehren, um den Hirsch nicht zu vergrämen. Doch der Hirsch war so wütend, daß er mir auf dem Pirschpfad nachgezogen kam, hörbar schneller werdend.

Ich lief nun ohne Rücksicht auf krachendes Geräusch vor dem Hirsch glatt davon auf den Holzabfuhrweg zu in der Hoffnung, daß er bei freierer Sicht dort den Menschen erkennend seine Verfolgung einstellen würde. Das geschah auch, doch anzusprechen war der Hirsch immer noch nicht, denn er kehrte vor dem Bestandsrand um, bevor er herausgetreten war. Eine große Schwierigkeit bei meinem Rückzug war mein am Schweißriemen mitgeführter Deutschlanghaarrüde, der, mann- und raubzeugscharf wie er war, in der richtigen Erkenntnis einer seinem Herrn drohenden Gefahr sich dem Gegner entgegenstellen wollte und deshalb dauernd versuchte, kehrt zu machen und nur unter Aufbietung einiger Energie meinerseits regelrecht mitgezogen werden mußte.

In dem unübersichtlichen großen geschlossenen Waldgebiet des hinteren Odenwaldes war es bei dem damals zahlenmäßig sehr starken Rotwildstand der Kernreviere überhaupt sehr schwierig, einen Hirsch so zu bestätigen, daß ein bestimmter und kein anderer erlegt werden konnte. Das Wild wechselte ständig von einem Brunftplatz zum anderen, vor allem die Hirsche. Immer wieder traten völlig fremde in Erscheinung, von denen im näheren und auch weiteren Umkreis kein Jäger bisher etwas gewußt hatte. Zur Brunft 1937 hatte ich meinen Freund Claus, auf dessen mecklenburgischem und später seinem pommerschen Gut ich schon soviel Waidmannsheil genossen hatte, eingeladen, einen Abschußhirsch bei mir im Odenwald zu schießen. Einen jagdbaren konnte ich ihm nicht freigeben, die Verfügung über diese hatte sich der Reichsstatthalter im Staatswalde persönlich vorbehalten. Aber es gibt ja unter den abschußnotwendigen auch Hirsche mit begehrenswerten Trophäen. In den vier Tagen der Anwesenheit meines Freundes sahen wir zwar reichlich Hirsche, doch entweder waren sie zu gering und jung oder sie trugen ein- oder beidseitig eine Krone und fielen damit nach den damals gültigen Abschußrichtlinien in die Klasse der jagdbaren Hirsche. Es war wie verhext.

Am fünften Tage seines Besuches bei uns mußte mein Gast

spätestens am Abend abreisen, weil er anderntags zu einer Hochzeit in seiner Verwandtschaft in Pommern zugesagt hatte. Wir konnten die Pirsch nur noch bis zum frühen Abend ausnutzen, denn um in Frankfurt den Nachtschnellzug nach Berlin zu erreichen, mußte ich ihn erst ein Stück mit dem Auto an eine Bahnstation, von der er am günstigsten nach Frankfurt gelangte, bringen. Die Zeit war also bemessen und äußerst kalkuliert. Wir waren vom frühen Morgen an draußen gewesen, aber das Spiel der Vortage mit den jungen und den Kronenhirschen wiederholte sich. Inzwischen hätten wir uns auch mit einem geringeren IIb-Hirsch begnügt, doch nun glänzten auch diese durch Abwesenheit. Schweren Herzens mußten wir uns langsam mit dem Gedanken an den Rückweg zu meinem abgestellten Wagen vertraut machen.

Unterwegs dorthin kamen wir an einem etwa 20 Meter breiten Aufhieb zwischen zwei dichten Beständen vorbei, auf dessen einer Seite Kieferndickung, auf der anderen älteres Stangenholz mit dichtem Fichtenunterwuchs. Dieser Aufhieb zog sich senkrecht hangabwärts. Am Rande des Stangenholzbestandes stand eine Kanzel. Als wir uns gerade in deren Nähe befanden, hörte ich drüben in der Kieferndickung einen Hirsch knören. Er schien näher zu kommen. Es war wohl schon verdammt dämmerig, dennoch erklommen wir schleunigst den Hochsitz. Keine Minute zu früh, schon erschien der Hirsch tiefer am Hang am gegenüberliegenden Dickungsrande, aber noch in Schußweite, und trollte in flottem Tempo über den Aufhieb. Es war mittlerweile so dunkel geworden, daß man lediglich von der Figur auf einen alten Hirsch schließen konnte, auf dessen Haupt nicht allzuviel von Geweih zu erkennen war. Also mit größter Wahrscheinlichkeit ein alter Abschußhirsch nun noch eine Minute vor zwölf. Ich hatte das Wort »schieß!« kaum ausgesprochen, da krachte der Schuß. Das Mündungsfeuer der schweren Doppelbüchse nahm jede Sicht. Wir hörten den Hirsch eine Weile fortflüchten, bis es auf einmal in der Ferne wie der dumpfe Aufschlag eines schweren Körpers klang. Danach Totenstille, Stockfinsternis. Normalerweise wäre die Nachsuche unter diesen Umständen erst bei Anbruch des nächsten Tages vorzunehmen gewesen. Aber sowohl mein Gast als auch ich wollten doch noch vor seiner Abreise sehen, was nun wäre.

Wir fuhren also nach Hause. Dort bestellten wir zunächst, da wir den Anschlußzug sowieso nicht mehr erreicht haben würden, einen Mietwagen für eine Stunde später, der, wenn nichts Unvorhergesehenes dazwischen kam, den Gast rechtzeitig direkt nach Frankfurt bringen sollte. Um es vorwegzunehmen, das klappte dann auch. Wir nahmen zu Hause Hund und Taschenlampe mit und fuhren wieder zum Anschuß. Dort konnten wir trotz Lampe nichts finden, jedoch mein auf der Wundfährte absolut zuverlässiger Langhaarrüde verwies eine Stelle so sicher, daß ich unbedingt darauf vertraute, es sei der Anschuß, zumal er am langen Riemen von da ab genau in die Richtung führte, in welche auch der Hirsch abgegangen war. In der Dunkelheit war es schwierig, durch das Gewirr von Ästen und Holzbruchstücken dem Hunde zu folgen, bis der Schweißriemen auf einmal schlaff wurde und der Hund ein tiefes Murren von sich gab. Wir waren am bereits verendeten Hirsch. Taschenlampe an und ein Griff in die oberen Enden der nicht allzu starken, mäßig hohen Stangen. Da war mir zunächst nicht besonders wohl, denn dort waren zwei kleine Krönchen. Als aber die Taschenlampe die Augsprossen suchte und die tastende Hand dem Lichtschein folgte, entpuppten sich diese beiderseits wie je ein nach unten hängender 10 cm langer dünner Finger. Also ein Abschußhirsch par excellence, mochte er so alt sein wie er wollte. Anderntags beim Auslösen des Gebisses stellte sich überdies heraus, daß er um die 10 Jahre alt war, immerhin ein gewaltiger Dusel, wenn man die dramatischen Umstände seiner Erlegung überdachte. Und was das Interessanteste war, dieser doch unverkennbare Hirsch war keinem Odenwaldjäger bekannt. Alles staunte, als er auf der alljährlichen Pflichttrophäenschau ausgestellt wurde, welche von den zuständigen hessischen, badischen und bayerischen Jagdbehörden jahrweise abwechselnd im hessischen Hirschhorn oder badischen Eberbach, beide am Neckar gelegen, gemeinsam abgehalten wurde.

Aber nicht nur Erlebnisse mit Schalenwild oder Trophäenträgern sind mir im Gedächtnis geblieben. Hier soll die seltene Tatsache der Erlegung eines Dachses auf der Herbsttreibjagd festgehalten werden. Solches war übrigens in den heimatlichen Jagdrevieren im Vogelsberg einem anderen Jäger schon einmal geglückt,

Geburtshaus des Verfassers in Lennewarden (Livland) um 1900

Sensbacher Friedhof im Odenwald

Buchenhochwald im Vogelsberg

Urwald in den Westbeskiden

ich war auf dieser Jagd auch dabei gewesen. Ende Oktober 1920, es waren noch Universitätsferien, denn das Wintersemester begann damals erst mit dem November und dauert im Gegensatz zum dreimonatigen Sommersemester vier Monate bis Ende Februar, wurde im Distrikt Ochsenkopf die sogenannte Beilpflanzung getrieben. Dieses war eine bürstendichte Fichtendickung, so genannt, weil sie seinerzeit mittels Pflanzbeil – einer bis dahin für Fichte ungewöhnlichen, aber sehr arbeitsfördernden Pflanzmethode – begründet worden war. Ich stand am Dickungsrande und hörte, kurz nachdem die Treiber angegangen waren, ein merkwürdiges schnelles Trappeln, bis auf einmal auf der Schneise ein Dachs in bemerkenswertem Tempo erschien und meinen Schrotschuß quittierte. War mir auch das Graben der Dachse mit Teckeln eine bekannte, vertraute Jagdart, an der ich schon als Junge teilgenommen hatte – mit Hacke und Spaten –, so war doch ein auf der Treibjagd erlegter Dachs etwas Seltenes. Ich freue mich noch heute, denn seine Schwarte ist die einzige Jagdtrophäe, die aus der Zerstörung von 1945 hinübergerettet ist und noch in meinem Arbeitszimmer liegt.

Mit einer anderen Niederwildjagd verknüpfen sich ebenfalls besonders schöne Jugenderinnerungen. Das sind die Entenjagden. Früher endete die Schonzeit der Wildenten bereits am 30. Juni. Das war zu früh, denn dann sind die Jungenten noch nicht beflogen und bedürfen der Führung der Mutterente. Auf den Jagden fällt diese aber zu der Zeit zu leicht den Schroten zum Opfer, denn sie steht erst spät beim Nahen von Schützen und Treibern auf. Wenn mit Beginn des Juli bereits Entenjagden abgehalten wurden, so mußte der Schuß auf streichende Enten verboten und durfte nur auf die rinnenden Mausererpel gestattet werden. Man glaube ja nicht, daß dieser besonders leicht wäre. Im Gegenteil, die Lichtbrechung im Wasser ist trügerisch, und die Erpel rinnen und tauchen bei erkannter Gefahr sehr schnell, schwimmen ganz tief im Wasser, nur Schnabel und Scheitel über der Oberfläche. Das richtige Vor- und Tiefhaltemaß beim Schuß erfordert schon einige Übung. Hat man die und sind sachgemäß Schneisen in den Schilfgürtel geschnitten, dann ist so eine Wassertreibjagd auf Rauherpel sehr interessant, besonders wenn man, wie ich es immer tat, über der Badehose nur den ältesten Drillichanzug an, alte Schuhe mit Löchern, aus denen das Wasser schnell wieder herausläuft, an den Füßen, die Patronentasche hoch auf die Brust gebunden in der Schilfschneise so weit wie möglich im Wasser vorgeht. Dann bekommt man die mit Vorliebe an der Kante zwischen Schilfgürtel und blankem Wasser rinnenden alten Erpel. Mein Vater, welcher stets auf das sorgfältigste gekleidet ging und dabei auch der Jagd keine Konzessionen machte, war immer entsetzt, wenn ich zu den Wasserjagden in Originalaufmachung erschien.

Als ich nach dem letzten Kriege aus russischer Kriegsgefangenschaft heimgekehrt war und das Ausmaß des völligen Zusammenbruches Deutschlands dann erst richtig erkannte, faßte ich den Entschluß, nie wieder auf die Jagd zu gehen. Nachdem meine Jagdtrophäen, Waffen, alle sonstigen Erinnerungsstücke und jagdlichen Aufzeichnungen verloren waren, hatte ich keine Lust mehr, im vorgerückten Alter neu anzufangen. Die heimatlichen Wildbestände waren überdies derart in Unordnung und dezimiert, daß ein Jagdbetrieb, wie wir ihn in Deutschland kennen und ausüben, für absehbare Zeit sowieso aussichtslos erschien. Zunächst war die Jagdausübung den Deutschen ohnehin verboten. Sämtliche Jagdwaffen waren ihnen abgenommen. Die Angehörigen der Besatzungsmächte jagten wo und wie es ihnen paßte ohne Rücksicht, ob in Pacht- oder Eigenjagden, ob in Staats-, Körperschafts- oder Privatbesitz. Die Jagdausübungsberechtigten mußten zähneknirschend mit ansehen, wie zwielichtige Angehörige ihres eigenen Volkes die fremden Soldaten führten und ihnen Hilfsdienste leisteten, wofür sie dann ein Stück Wildbret als Belohnung vereinnahmten.

Als die Amerikaner festgestellt hatten, daß ich in Prag keine Kriegsverbrechen verübt hatte, konnte ich wieder im öffentlichen Dienst eingestellt werden. Die hessische Landesregierung entsprach meinem Wunsche, mir mein Forstamt im Odenwald, welches ich acht Jahre vorher verlassen mußte – wie ich damals glaubte für immer – und das gerade nicht besetzt war, wieder zu übertragen. Dort hatten Krieg und Nachkriegszeit zwar auch vieles verändert, aber die Dinge und örtlichen Verhältnisse waren mir von früher vertraut, und so fand ich mich schneller wieder hinein als auf irgend einer anderen Stelle. Ich zog zwar in ein Haus mit einem einzigen kleinen Lastwagen, nur dem allernotwendigsten Behelfshausrat, wieder ein, aus dem ich vor Jahren mit drei großen Möbelwagen hatte ausziehen müssen, aber man war nach diesem Kriege bescheiden geworden.

Jagdlich hatte sich mein schönes Odenwaldrevier sehr zu seinem Nachteil verändert. Der frühere gute Rotwildbestand war infolge des plan- und wahllosen Abschusses zusammengeschrumpft, Rehwild gab es nur noch sporadisch, aber das Schwarzwild hatte sich gewaltig vermehrt, so stark, daß stellenweise die Ernte ganzer Feldgemarkungen in Frage gestellt war. Bei der damaligen knappen Ernährungsgrundlage für die deutsche Bevölkerung fiel der Wildschaden bedeutend schwerer ins Gewicht als in normalen Zeiten. Als sich dann die amerikanische Einstellung uns gegenüber zu ändern begann, sah die Militärregierung ein, daß es unumgänglich wäre, etwas gegen die ungehemmte Schwarzwildvermehrung zu unternehmen, was den Amerikanern nicht möglich war. Diese schossen allenfalls vom Hochsitz auf Sauen, bei den von ihnen aber zumeist abgehaltenen Treiben erst dann, wenn sie vorüber waren, von hinten, aus Angst angenommen zu werden. Dabei kam aber gewöhnlich nichts zur Strecke. Darum bekamen die Forstbeamten aus erbeuteten Waffenbeständen der deutschen Wehrmacht Karabiner 98 ausgeliehen, welche bei den zuständigen Besatzungsdienststellen genau registriert wurden. Verschossen wurden hieraus wegen der Knappheit an deutscher S-Munition allermeist amerikanische Remingtonpatronen. Diese kamen in der Treffpunktlage der deutschen Originalmunition ziemlich gleich. Notgedrungen mußte ich mir als Forstamtsleiter auch eine solche Waffe verpassen lassen und hatte das Glück, einen noch recht gut schießenden Karabiner zu erwischen bzw. unter den bereitgestellten zu finden.

Da man als Jagdleiter mit der Waffe in der Hand bei Treibjagden von Besatzungsoffizieren nicht ständig kümmerlich als Statist fungieren mochte, schoß ich mit dem Karabiner von 1948, bis ich mir 1952 wieder eine Repetierbüchse anschaffen konnte, einen guten Keiler, einen Augsprossengabler, zwei Tiere und zwei Füchse, und außerdem in der Brunft einen Zehner. Die Jagdpassion ließ sich auf die Dauer eben doch nicht unterdrücken. Anfänglich durfte man aktiv nur in Begleitung von Angehörigen der Besatzungmacht jagen, aber es freute mich doch, daß ich mit dem unhandlichen Militärkarabiner und der Originalvisierung das flüchtige Rotwild oder gar die beiden Füchse zur Strecke brachte.

Den erwähnten Brunfthirsch erlegte ich ohne amerikanische Zuschauer, und es war schon ein erhebender Augenblick, als ich an den auf dem Anschuß zusammengebrochenen guten Zehner herantrat und bei der anschließenden Totenwacht die Gedanken kamen, die Erinnerungen wach wurden an frühere Jagdtage in diesem Revier.

Im Spätherbst 1952 wurde uns auf Grund der amerikanisch-deutschen Jagdvereinbarung die Jagdhoheit zurückgegeben, wobei den Amerikanern in den staatlichen Jagden allerdings ein Anteil an den Abschüssen zugestanden werden mußte.

Als ich dann im Spätherbst 1953 in das Ministerium für Landwirtschaft und Forsten in Wiesbaden versetzt und mir die Leitung des Referates Jagd und Naturschutz übertragen wurde, kam ich als Vertreter der Obersten Landesjagdbehörde mit allen anstehenden jagdlichen Problemen in engste Berührung und war letzten Endes für deren Lösung verantwortlich. Die organisatorischen und fachlichen sowie gemeinsam mit meinem verstorbenen Kollegen Ministerialrat Dr. Gustav Mitzschke die gesetzlichen Grundlagen für den Wiederaufbau des hessischen Jagdwesens zu schaffen, war eine ebenso reizvolle wie dankbare Aufgabe. Noch befriedigender wurde meine dienstliche Tätigkeit, als ich mit Beginn des Jahres 1954 neben dem Jagdreferat auch das für Waldbau, Forsteinrichtung, Forstschutz und Waldwegebau in die Hand bekam und damit die Möglichkeit, richtungweisend für die Gestaltung der Lebensbedingungen unserer hessischen Wildstände zu wirken.

Diese umfangreiche dienstliche Tätigkeit war naturgemäß auch für die persönlichen jagdlichen Möglichkeiten und Erfolge förderlich, wie es ja in der Natur der Sache liegt.

So erlegte ich in den späteren Jahren manchen Hirsch und manche Sau in den Reinhardswaldforstämtern. Auch einmal, und noch dazu am selben Nachmittag, zwei der dort seltenen Rehböcke. Einmal kam mir beim Abendansitz ein Waschbär, der aber so tief in einem Graben entlangschnürte, daß er mit der Repetierbüchse nicht zu schießen war. Mit einem Schrotlauf hätte es gelangt. Dieses amerikanische Wild war zwischen den Kriegen im Forstamt Vöhl am Edersee ausgesetzt worden, hatte sich sehr vermehrt und breitet sich immer mehr aus. Die ersten Waschbären sah ich vielleicht ein Jahr vorher im Raume Alsfeld, wo ich in dem inzwischen aufgelösten Forstamt Eudorf an der Kaiserwiese auf einen Rehbock ansaß. Plötzlich hörte ich unter meinem Hochsitz ankommendes Wild rascheln, glaubte zuerst Dachse, bis ich eine Waschbärin mit drei Jungen erkannte. Ein Schuß tat mir leid, die Tierchen waren zu niedlich und possierlich. Da der Waschbär ein arger Räuber ist, der insbesondere junges Niederwild und Gelege verzehrt, Vogelnester vernichtet und in Gärten an reifendem Obst Schaden anrichtet, haben wir ihn vor einigen Jahren zum jagdbaren Tier erklärt. Als Nachttier ist er schwer zu bekommen, aber er verdient waidgerecht bejagt, nicht im freien Tierfang wie bisher zu Tode gequält zu werden. Sein Balg erreicht bei uns zu Lande leider nicht die Qualität wie in seiner amerikanischen Heimat.

Als Walter Frevert Anfang der dreißiger Jahre Forstmeister des Forstamtes Battenberg war, setzte er dort Muffelwild aus. Dieses verbreitete sich allmählich über das ganze Edergebiet. Er hatte dabei eine glückliche Hand, insofern als er reinblütiges Wild bekam, frei von Einkreuzungen anderer Wildschafarten, welches weder im Walde noch im Felde Schaden verursachte. Jedoch übermäßig stark sind die Battenberger Widder nicht, weder im Wildbret noch in den Schnecken. Wenn ich auch während des Krieges in Mähren schon zwei Widder erlegt hatte, so wollte ich an Stelle der 1945 verlorenen doch wieder eine Muffeltrophäe an der Wand haben. Aber es war wie Hexenwerk. Meine sonst doch immerhin recht gute Arbeit leistende Büchse versagte mir einfach ihre Gefolgschaft. Warum und wieso das kam, weiß ich bis heute nicht. Voller Erwartung bestieg ich im Forstamt Battenberg eines Nachmittags zur Zeit der Muffelwildbrunft im November einen am Rande eines Buchenaltholzes stehenden Hochsitz mit gutem Ausblick auf eine niedrige Fichtenpflanzung in einer lückigen Buchennaturverjüngung. Ich saß noch gar nicht lange, bis in guter Schußweite ein Rudel Muffelschafe mit einem guten alten und mehreren jüngeren und geringeren Widdern erschien. Der starke Widder stand ganz frei in den kleinen Fichten als ich schoß. Zu meinem Erstaunen fiel der Widder weder um noch zeichnete er, und ab ging die Kavalkade. Ich wußte gar nicht, wie mir geschah, in aller Ruhe abgekommen, die Büchse auf dem Hochsitz aufgelegt, mir unfaßbar. Am Anschuß kein Schnitthaar, kein Schweiß, nichts. Die Nachsuche am folgenden Morgen mit dem anerkannt guten Hunde des Revierbeamten ergab, daß der Widder glatt gefehlt sein mußte. Am Nachmittag dieses Tages in einer anderen Försterei auf der Pirsch unter Führung des zuständigen Betriebsbeamten ein einzelner Widder spitz von vorn, Schuß vorbei, Ergebnis wie vorher. Am nächsten vormittag Pirsch mit dem Forstamtsleiter. In guter Schußweite plötzlich ein Widder mit zwei Schafen. Wir gehen in Dekkung, ich nehme die Repetierbüchse von der Schulter, lege den Sicherungsflügel herum, da fährt der Schuß hoch hinaus in die Luft. Zweifelndes Gesicht des Forstmeisters, verhaltenes Wutschnauben meinerseits, sofortige Abfahrt.

Zwei Wochen später anläßlich eines Dienstgeschäftes im Forstamt Frankenberg an der Eder fuhr ich schnell eines Morgens auf etwa zwei Stunden in die nicht allzu weit entfernte Revierförsterei Bromskirchen des Forstamtes Battenberg. Nach etwa halbstündiger Pirsch mit dem dortigen Oberförster sahen wir ziemlich weit einen Widder am Rande einer Waldwiese stehen. Wir sprachen ihn als jagdbar an, versuchten in dem Buchenaltbestand in Deckung der Stämme noch etwas näher heranzukommen, und auf etwa 80 Meter Entfernung schoß ich. Der Widder kippte um, war beim Herantreten verendet. Die Lunge war zerrissen. Meine Schießkunst im Forstamt Battenberg war damit rehabilitiert, doch wird es mir zeitlebens ein Rätsel bleiben, was es mit dem vorherigen Mißgeschick auf sich hatte.

Daß ein Rehbock am 24. Juli eine Stange regulär abgeworfen hat, ohne daß eine Verletzung oder sonstige krankhafte Erscheinung sichtbar gewesen wäre, erlebte ich beim Abschuß eines vermeintlichen Einstangenbockes vor zehn Jahren im Romröder Forst.

Als hessischer Landesjagdreferent hatte ich dienstlich auch Kontakt mit meinen Ressortkollegen in den anderen deutschen Bundesländern zu halten. Die Folge waren auch Jagdeinladungen dorthin. So bekam ich 1960 eine auf einen Gamsbock in Bayern. Ganz fremd war mir die Gamsjagd nicht. Bereits 1940 von Prag aus, als ich zum Personalstande des Reichsforstamtes gehörte, hatte ich einen Gamsbock im österreichichsen Forstamt Mittersill erlegt, die Krucken aber auch wie alle anderen Jagdtrophäen 1945 verloren. So freute ich mich denn mächtig, als aus München die Einladung auf einen Gams im Forstamt Garmisch bei mir ankam. Mitte November fuhr ich in Begleitung meines Sohnes los, der Aufnahmen im Hochgebirge machen wollte. In Garmisch angekommen, nach dem Besuch auf dem Forstamt bezogen wir Quartier in einem stattlichen Gasthof. Dieser gehörte der Frau des beim Forstamt angestellten Berufsjägers, welcher mich führen sollte. Gleich früh am andern Tage machten wir uns auf den Weg ins Gamsrevier. Erst fuhren wir ein Stück Bundesstraße in Richtung österreichische Grenze, dann einige Kilometer auf einer Waldstraße bis zu einem Holzlagerplatz. Hier stellte ich meinen Wagen in einen Schuppen. Wir beluden uns mit unserem Gepäck für einen mehrtägigen Hüttenaufenthalt und begannen den Anstieg. Der dauerte mehrere Stunden, zuerst ein Stück auf einem Pfad, auf dem der alte Prinzregent Luitpold von Bayern früher zur Gamsjagd hochgeritten war. Um dem alten Herrn, der die Jagd im Gebirge bis ins höchste Alter ausübte, das Auf- und Absitzen vom Pferde zu erleichtern, waren an der Bergseite in Stuhlhöhe in Abständen steinbankähnliche Nischen eingehauen. Dieser Reitpfad endete an einem Hochmoor, das wir auf schmalem Steig überqueren mußten. Hier trat mein Sohn mit einem Bein einmal daneben und sank bis zur Hüfte ein. Schließlich kamen wir auf der Enningalm am frühen Nachmittag an, wo wir die Jagdhütte bezogen. Von dieser aus hielten wir noch vor Einbruch der Dunkelheit Umschau auf die Hänge rundum. Da und dort entdeckten wir zwar Gamswild, aber zu weit, um es anzugehen. Dazu war es zu spät am Tage. In der Nacht plätscherte es vom Dach, und am nächsten Morgen war es vor den Fenstern grau in grau. Alles war mit dichtem Nebel verhangen. Als dieser um die Mittagszeit aufriß, unternahmen wir einen kurzen Pirschgang entlang der Baumgrenze, sahen auch Wild, aber keinen jagdbaren Bock. Am Nachmittag setzte der Nebel wieder ein, wir wurden erneut zum Nichtstun verdammt. In der Nacht, als ich einmal aus der Hütte schaute, schienen die Sterne. Aber es hatte sich ein kalter Wind erhoben, und der Jäger meinte am Morgen, in wenigen Stunden werde es anfangen zu schneien. Bei Schneegestöber kämen wir mangels jeder Sicht nicht mehr von der Alm herunter. Er habe deshalb Lebensmittel für sechs Wochen dort eingelagert und sei selbst schon tagelang eingeschneit gewesen.

Solches reizte uns nun gar nicht. Wir wollten aber trotzdem noch einen Pirschgang versuchen. Wir stiegen also im Fels hoch bis zum »Windstürl« in 1700 m Höhe, einer flachen Senke an einem Grat, in der neben einer völlig zerzausten Wetterfichte ein altehrwürdiger Hochsitz stand. Der Jäger meinte, ich sollte erst mal allein aufsteigen, er bliebe mit meinem Sohn unten. Nach etwa einer Stunde, während der ein Schneehase vor uns die Zeit verkürzte, war ich von dem eisigen Wind derart durchgeblasen, außerdem begann mein Hochsitz zu schwanken wie ein Schiff auf hoher See, so daß ich ganz klamm und schwindlig zu werden drohte. Beim Herunterklettern entdeckte ich, daß mein Sitz nur noch auf drei Beinen stand, der vierte Balken war an der Erdoberfläche abgefault. Jetzt wurde mir auch klar, warum der Jäger, dieser Gemütsmensch, nicht mit heraufgekommen war. Platz genug war auf dem Hochsitz, doch wollte er wohl nicht mit abstürzen. Wir machten uns also auf den Rückweg zur Hütte. Noch am Hange des Windstürl kam auf einem großen Latschenfeld eine Gamsgeiß flüchtig über eine Freifläche, dahinter der treibende Bock. Die beiden eräugten uns, verhofften einen Augenblick in etwa 70 m Entfernung. Der Jäger raunte »schießen«, ich strich am Bergstock an, und auf den Schuß machte der Bock eine hohe Flucht, brach zusammen und rollte verendet hangabwärts uns direkt vor die Füße. Nun gebot der Jäger wegen des aufziehenden dunklen Gewölks Eile, machte nur an der nächsten größeren Kurve unseres Steigs halt und brach den Bock mit bewundernswerter Geschicklichkeit in ebensolcher Eile auf, lud ihn sich wieder auf den Rücken und weiter gings schleunigst abwärts. In der Hütte schnell noch eine Aufnahme meines Sohnes von mir mit dem Gamsbock, dann unser Gepäck aufgenommen, und kaum hatten wir den schwierigen Pfad übers Hochmoor hinter uns und waren beim Reitpfad des alten Prinzregenten angelangt, da setzte dichtes Schneegestöber ein. Das konnte uns jetzt aber nichts mehr anhaben. Dieser Pfad war nicht mehr zu verfehlen. Je tiefer wir kamen, desto mehr ließ der Schneefall nach, bis er allmählich aufhörte. Ich hatte inzwischen dem Jäger den Bock abgenommen, wollte meinen Gams auch einmal tragen. Mit seinen 25 kg drückte er neben dem sonstigen Gepäck schon etwas. Beim Aufbrechen hatte sich übrigens herausgestellt, daß das 12,7 g schwere 8 mm Teilmantelgeschoß die Leber des Gamsbockes völlig zerrissen hatte. Als wir nach dem Schuß den Abstieg antraten, umkreisten uns übrigens alsbald zwei Kolkraben, die am Aufbruchplatz dann zurückblieben. Ich habe dafür nur die Erklärung, daß die Wotansvögel die Bedeutung eines Schusses im Gebirg aus Erfahrung kennen.

Daß ich am Ende meiner Tätigkeit als hessischer Landesjagdreferent kurz vor Erreichung der Pensionsgrenze den ständig verfolgten Sauen eine Schonzeit verschaffen konnte, war mir noch eine ganz besondere Befriedigung, zumal solches Unterfangen gegenüber den Vertretern der Landwirtschaft in den maßgeblichen Körperschaften gar nicht so einfach durchzubringen gewesen war. In Hessen darf seitdem die Jagd auf Schwarzwild, soweit es über ein Jahr alt ist, nur noch vom 16. Juni bis 31. Januar ausgeübt werden.

Kapitel 4 Fröhliches Jagen im Osten unseres Landes

Als ich vor einem halben Jahrhundert nach Pommern ging und dort $4^1/_4$ Jahre lang wohnte, beruflich tätig war und jagte, bis meine Beurlaubung aus dem hessischen Staatsdienst nicht mehr verlängert wurde, ahnte niemand das heutige Schicksal dieses uralten deutschen Landes und seiner Einwohner. Das Leben war großzügig, Gastlichkeit war selbstverständlich. So wurde auch dem jungen Forstmann aus dem Westen des Reiches bereitwilligst Jagdgelegenheit geboten. Der Wildbestand war arten- und zahlreich. Wildschadenprobleme gab es nicht, denn auf den Gütern ernährte sich das Wild von den eigenen Feldern, und auch in reinen Waldrevieren fielen Verbiß- und Schälschäden nicht ins Gewicht, wohl weil überall eingesprengte Wiesen, Brücher mit reichlich Weichholzbewuchs und Kahlschläge mit Krautflora genügend Äsung boten. Wurden die Abtriebsflächen wieder bepflanzt, so schaffte die Holznutzung immer wieder neue, so daß kontinuierlich Nahrungsquellen für das Wild entstanden. Im übrigen wurden auch schon damals Wildäcker angelegt, wenn es im Interesse des Wildes und Waldes erforderlich war.

Ich hatte häufig die Möglichkeit, mit Dienstgeschäften die Jagdausübung zu verbinden. Eine meiner ersten Dienstreisen führte mich nach Vorpommern. Mir war am Telefon von dem Gutsherrn liebenswürdigerweise gleich gesagt worden, ich solle meine Büchse mitbringen, der Damwildabschuß sei noch nicht erfüllt. Diese Wildart kannte ich von Hause her noch gar nicht, hatte sie bisher nur in Wildparks gesehen und war nun sehr überrascht über ihr Verhalten in freier Wildbahn. Für eine Gegend wie dort im Kreise Greifswald, wohin mein damaliger Weg mich führte, in der größere zusammenhängende Waldungen fehlten und nur kleinere Gutsforste in Flächen von 100 bis 300 Hektar über die Feldmark verstreut waren, ist Damwild die wirtschaftlich am leichtesten tragbare Hochwildart. Es hat vor dem Rotwild den Vorzug, daß es auch tagsüber außerhalb der Dickungen steht, also in einem Damwildrevier immer etwas zu sehen ist. Dafür äugt und unterscheidet es bedeutend besser als Rotwild, so daß auch bei gutem Wind sehr schwierig an Damwild heranzukommen ist. Zudem steht selten ein Stück allein, und irgend eines des Trupps oder Rudels nimmt die Gefahr meistens schon wahr, ehe man es selbst glaubt. Am ehesten ist da mit dem Pirschwagen etwas zu erreichen. Und so war es auch in dem erwähnten Revier. Einen ganzen Nachmittag fuhr ich in Begleitung des Jagdherrn herum, sah eine Menge Wild, bis wir kurz vor Einbruch der Dunkelheit an zwei starke Schaufler auf Schußweite kamen und mir bedeutet wurde, ich könne den stärkeren schießen. Kaum traute ich solch großzügiger Erlaubnis, glitt jedoch schnell von dem Jagdwagen herunter, nahm die Büchse an den Kopf. Während die Hirsche dem weiterfahrenden Wagen nachäugten, krachte der Schuß, und der Schaufler brach in seiner Fährte zusammen. Ich schoß damals noch ohne Fernrohr und sehr sicher, auch stehend freihändig, die heute nicht mehr existierende Patrone 8 x 60. Diese war ein Kind der Not, denn die Feindmächte hatten 1919 für uns Deutsche die Verwendung des Militärkalibers mit der Patrone 8 x 57 verboten. Als Folge hiervon waren 8-mm-Jagdbüchsen durch Ausfräsung der Patronenlager um 3 mm länger verändert worden. Hierdurch bedingt entstand die neue Jagdpatrone 8 x 60, die es in verschiedenen Laborierungen gab. Ihre Wirkung war sehr gut, ihre Herstellung ist jetzt ausgelaufen.

Ich stand nun vor meiner ersten Jagdbeute in Pommern, meinem ersten Stück Damwild, einem reifen, starken Schaufler mit sauberem Blattschuß, d. h. eigentlich hinter dem Blatt, dem wirksamsten Sitz der Kugel. Wir verluden mit vereinten Kräften den Hirsch in die Wildkelle hinten am Jagdwagen. Vor dem Herrenhause wurde er dann gestreckt. »Damhirsch tot« stieg jubelnd und klingend in den kalten Januarabend. Und dann nach dem Abendessen das lange gemütliche und besinnliche Gespräch über Jagd, über Zeiten und Menschen mit dem vornehmen alten Hausherrn, der zu Kaisers Zeiten Oberpräsident einer preußischen Provinz gewesen war, beim dampfenden Grog vor dem prasselnden Kamin. Das alles sind Eindrücke, die in der Erinnerung haften bleiben, solange man denken kann, Erlebnisse, die nie mehr wiederkehren.

Meine erste Begegnung mit einem starken pommerschen Rothirsch, den ich zwar nicht schießen durfte, erlebte ich übrigens in der Blattzeit 1925. Ich pirschte früh morgens auf einen Rehbock in dem großen mittelpommerschen Waldgebiet Ostenheide, zum großen Teil der Familie von der Osten gehörend, auf meinen ersten pommerschen Rehbock, den ich auch schoß, und stand plötzlich vor einem friedlich in einem lückigen Buschgelände äsenden starken Hirsch mit einem Geweih voller in der Morgensonne blitzender Enden. Vorsichtig zog ich mich zurück, ohne den Hirsch zu vergrämen. Es war der erste Hirsch überhaupt, den ich ungestört und vertraut in freier Wildbahn zu Gesicht bekam.

Ebenso wie das Rotwild war auch das pommersche Rehwild stärker als das im Westen, sowohl an Körperbau – aufgebrochen durchschnittlich über 20 kg – als auch in der Gehörnbildung. Rehböcke habe ich mehrere dort erlegt. Mit jedem ist die Erinnerung an ein besonderes Erleben verbunden. Jedoch will ich jetzt nicht von den geschossenen Böcken berichten, sondern von dem stärksten Bock meines Lebens, den ich nicht bekommen habe. Wenn ich daran zurückdenke, so beschleicht mich noch heute nach fast fünf Jahrzehnten das Bedauern. Es war im letzten Sommer meiner pommerschen Zeit, 1928, als ich zu einem schwierigen alten Junggesellen fahren mußte, einem Sonderling, der abgekapselt von aller Welt auf seinem Gute in Hinterpommern saß und mit allen Behörden ständig in Fehde lag. So auch mit der Finanzverwaltung. Ein von ihm hartnäckig und unsinnig verfolgter Steuerstreit über seinen fast ertragslosen Wald war vor dem Finanzgericht beim Landesfinanzamt Stettin anhängig, von dem ich im Laufe der Jahre schon mehrfach als Gutachter in Anspruch genommen worden war. Dessen mir persönlich gut bekannter Präsident bat mich nun, zu dem erwähnten Herrn v. K. hinzufahren und ihm klarzumachen, daß die Behörde ja nur sein Bestes wolle, die Ertragslosigkeit seines Waldes kenne und daß er mit seiner Widerborstigkeit das Gegenteil von dem bewirke, was er eigentlich anstrebe. Ich fuhr also hin und nachdem ich dem alten Einzelgänger die Sache klargemacht hatte – ein schwieriges Stück Arbeit –, war er so glücklich, daß er mich einlud, über Nacht zu bleiben und einen guten Rehbock zu schießen. Mein Einwand, daß ich meine Büchse nicht mit hätte, wurde widerlegt mit dem Bemerken, er habe eine vorzüglich schießende, die solle ich nehmen. Na, Zureden hilft bekanntlich Pferde kaufen, ich blieb, und wir fuhren im Walde umher, sahen auch eine Menge Rehwild, jedoch nur jüngere oder geringere Böcke. Schließlich aber kamen wir an eine vergraste Kultur kümmerlicher Kiefern, über die das Haupt eines Bockes ragte mit einem Gehörn, wie man es höchstens auf Jagdgemälden sieht. Der Bock stand wie eine Mauer, äugte den Jagdwagen an, nur Kopf und obere Hälfte des Halses waren über dem Bewuchs sichtbar. Nun, es wäre ja nicht der erste Rehbock gewesen, den ich mit einem Halsschuß in ähnlicher Situation zur Strecke gebracht hätte. Ich also runter vom Wagen, Büchse hoch, Hals angefaßt und Schuß. Im Knall war der Bock verschwunden. Irgendwelche Bewegung des hohen Zeugs, die durch Abspringen verursacht worden sein konnte, war nicht wahrnehmbar. Trotzdem hatte ich ein ungutes Gefühl, denn mir war die fremde Büchse doch nicht so führig in der Hand gewesen wie die eigene. Herr v. K., der das Drama vom Pirschwagen aus beobachtete, hatte auch nichts gesehen, so daß wir mit gemischten Gefühlen den Anschuß suchen gingen. Es dauerte lange, bis wir den Platz fanden, wo der Bock gestanden hatte, sonst aber nichts, keine Schußzeichen, keinen Schweiß, keine Eingriffe, gar nichts. Der herbeigeholte Gutsförster mit angeblich gut brauchbarem Hund fand trotz stundenlanger Nachsuche auch nichts. Wir mußten uns also wohl oder übel damit abfinden, daß ich den Bock gefehlt hatte. Ein Ereignis, welches mich in Anbetracht meiner damals sehr sicheren Kugel noch lange wurmte.

Obwohl zu Hause schon vorher mit Schwarzwild in Berührung gekommen, erlegte ich meine erste Sau ebenfalls in Pommern, und zwar in der Nähe der berühmten Ulanengarnison Demmin auf einem Gute, welches später ein bekannter Luftwaffenflugplatz geworden war. Frühherbst, ein großer, frisch beernteter Kartoffelschlag wurde von den zahlreichen Sauen jede Nacht noch auf Überreste abgesucht. Der Eigentümer des Gutes war nur Landwirt, kein Jäger. Neben gelegentlichen Gästen wurde der Abschuß von seinem

Privatförster getätigt. Dort war ich zwei Tage zu Gast. Ich sollte am Abend, natürlich liebend gern, einen Keiler schießen. Aber nur keine Bache, damit die Frischlinge nicht mutterlos werden, betonte der – ich hebe es hervor – selbst nicht jagende Gutsherr, obwohl er engagierter Landwirt war! Also, Ansitz an dem besagten Frühkartoffelacker. Es war noch ziemlich hell, da traten bereits überall Sauen auf dem Felde aus. Vor mir auf Schußweite ein einzelnes stärkeres Stück. Ich wartete lange, kein Frischling zeigte sich in der Nähe meiner Sau. Dagegen schien sie ein Gewaff zu haben, so daß ich endlich mit gutem Gewissen den Finger krumm machte. Auf den Schuß brach die Sau auf dem Fleck zusammen, wo sie gestanden hatte, und klagte dabei markerschütternd schrill wie ein Hausschwein, das geschlachtet wird. Es war schrecklich zu hören, und glücklicherweise ist es bei den vielen später von mir erlegten Sauen nie wieder vorgekommen. Meine Sau war nach wenigen Sekunden verstummt und mit gutem Blattschuß beim Herantreten bereits verendet. Auf Knall und Klagen war der in Reichweite ansitzende Gutsförster herbeigeeilt. Sein erster Griff an die Hinterläufe und: »O weh, Herr Assessor, eine Bache! Was wird der Herr Baron sagen!« Aber am Gebräch hatte die Sau Hauer und Haderer wie ein mittelmäßiger Keiler. Das Gesäuge war völlig trocken, also eine alte gelte Bache. Der Abschuß wurde vom Gutsherrn natürlich in Ordnung befunden.

Ob Frühlingsstürme über das ostdeutsche Land hinbrausten, im Sommersonnenglast der Rehbock seine Ricke trieb, im Herbst die Kiefernstämme in der späten Sonne leuchteten und die hohe Jagd aufging, im Winter der Schnee alles zudeckte und Hundegeläute hinter den aufstiebenden Sauen aufklang, der pommersche Wald war immer schön, zu jeder Jahreszeit, bei jeder Witterung. Was mich stets von neuem beeindruckte, war die Weite, nicht nur der Wälder, Felder und Wiesen, sondern auch der zahlreichen kristallenen Seen. Der Madüsee, 3600 ha groß und bis 50 m tief, in welchem der wohl beste Süßwasserspeisefisch, die Maräne, lebt, und der nicht ganz so tiefe und große Plönesee sind die beiden bedeutendsten. Wasserwild aller Art, von Höckerschwänen, Wildgänsen bis zu den mannigfaltigen Entenarten lebten und brüteten an den pommerschen Binnenseen. Die Wasserjagd wurde in verschiedener

Weise ausgeübt. Für die großen Jagden wurden etwa 5 bis 8 Meter breite Schneisen in die Schilfgürtel geschnitten und diese getrieben. Die Schützen standen entweder am Uferrand oder am Rande des offenen Wassers in Kähnen. Diese Jagdart galt in erster Linie der Reduzierung der Erpel, solange sie noch als »Rauherpel« in der Mauser und damit flugunfähig waren. Wenn sie über die Schneisen rannen, lagen sie so tief im Wasser, daß nur Oberschnabel, Augen und Scheitel heraussahen und es schon gewisser Schießfertigkeit bedurfte, das richtige Vor-, aber auch Tiefhaltemaß zu finden, was wegen der Lichtbrechung des Wasserspiegels gar nicht einfach war. Eine Jagdart, die ich von Hause her bereits kannte. Auch die Suche neben und hinter den im Schilf stöbernden Hunden war ebenso erfolgreich wie bei kleineren Wasserlöchern das Angehen mit schußfertiger Flinte, um die aufstehenden Enten herunterzuholen. Der Ansitz, sowohl am Wasser beim Einfall als auch hinter den Hocken abgeernteter Getreidefelder, erbrachte ebenfalls gelegentlich recht gute Strecken. Nasse, sumpfige Wiesen und anmooriges Gelände wurden auf die zahlreichen Bekassinen mit dem Hunde abgesucht, wobei schon eine nicht unerhebliche Schießkunst erforderlich war.

Für mich vollkommen neu war die Jagd auf Wildgänse im Spätherbst, wenn sie auf dem Zuge von Norden nach Süden sich an der pommerschen Küste aufhielten, mitunter für längere Zeit. Sie übernachteten auf dem Wasser, zogen morgens landeinwärts zur Äsung auf die grünen Wintersaaten, abends zur Ostsee zurück. Ein Gießener Corpsbruder von mir besaß ein sehr schönes Gut im Kreise Franzburg-Barth. In dem gastlichen Hause war ich häufig zu Besuch. Dort lernte ich auch die Jagd auf Wildgänse zur Zugzeit kennen. Das Gut lag nur wenige Kilometer von der Ostsee weg. Wenn die Gänse frühmorgens beim ersten Tagesgrauen ihren Äsungsplätzen weiter im Lande zustrichen, hatten sie anfangs nach dem Aufstehen vom Wasser meist noch nicht ihre volle Flughöhe und kamen daher über die Alten-Pleener Felder noch verhältnismäßig tief und damit günstig, denn über etwa 25 bis 30 m hoch streichende Wildgänse zu beschießen, hat keinen Sinn. Das dichte Federkleid bietet den Schroten erheblichen Widerstand. Ebenso darf man nicht spitz von vorn schießen, die Schrote gleiten ab. Sicherer ist der seitliche Schuß, besser noch von hinten. Wenn man diese Regeln befolgt, dann genügt $3^1/_2$-mm-Schrot. Gröberes deckt nicht genügend.

Das alles war mir natürlich vor der ersten Gänsejagd mit auf den Weg gegeben worden, aber in der Hitze des Gefechtes dachte man dann doch nicht an alle Einzelheiten. So ging es mir jedenfalls das erste Mal. Etwa eine Stunde vor Tagesanbruch wurde geweckt. Warme Kleidung und wasserdichte Stiefel angezogen und auf den Jagdwagen. Nach etwa 20 Minuten Fahrt erreichten wir die Ansitzlöcher. Diese waren so tief in den Ackerboden gegraben, daß man stehend gerade über die Erdoberfläche hinsehen konnte. Da die Gänse sehr gut äugen, mißtrauisch gegen die kleinste Bewegung sind, muß man sich im Loch ganz ruhig verhalten und so tief auf das Sitzbrett hinkauern, daß der Kopf nicht über die Erdoberfläche hinausragt. Erst zum Schuß steht man auf.

Ein nebliger, naßkalter Novembermorgen, es nieselt. Das Sitzbrett ist feucht, im Loch steht fußhoch Wasser. Aber was macht das einem passionierten jungen Jäger, noch dazu bei einer neuen Jagdart, aus! Nach etwa einer Viertelstunde zeigt sich am östlichen Horizont ein heller Schein. Plötzlich erscheinen einzelne Gänse als Schatten am Himmel. Es sind dieses die Vorposten oder Spähtrupps, auf die man nicht schießen darf, denn dadurch würde die Hauptmasse gewarnt und ihre Flugrichtung verändern. Sonst halten die Wildgänse ziemlich genaue Luftwege ein, so daß unter diesen auch die Ansitzlöcher an den aussichtsreichsten Stellen gegraben werden können.

Ich lasse eingedenk der mir erteilten Ratschläge diese Späher unbeschossen vorbei. Als aber danach der große Flug ankommt, geht die Passion durch, und ich schieße den Gänsen entgegen. Sie kamen im Nebel außerdem ziemlich tief. Dadurch wirkten die großen Vögel sehr nahe, so daß man glauben konnte, auch der Schuß spitz von vorn täte seine Wirkung. Doch mitnichten, die Schrote prasseln hörbar auf, aber keine Gans fällt. Im Gegenteil, sie steigen mit erheblichem Geschrei höher. Inzwischen habe ich die Flinte nachgeladen und kann nochmals zwei Schuß von unten auf zwei Gänse loswerden. Wieder höre ich die Schrote prasseln, und wieder fällt keine. Darüber ist es hell geworden, und nun kommt nichts mehr außer dem Gutsherrn mit dem in Deckung einer Stroh-

Weißer Rothirsch aus Kranichstein, erlegt 1912 durch den Großherzog von Hessen

Bodenständiger Kranichsteiner, erlegt 1965 durch den Verfasser

Der Battenberger zu Kranichstein

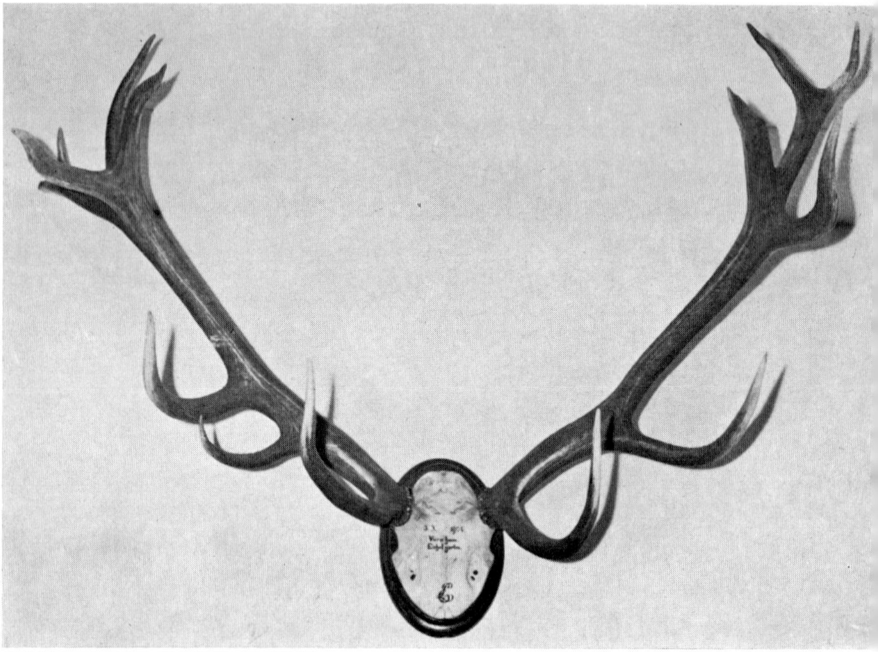

1904 erlegt im Lorscher Wald, ehemaliges Forstamt Viernheim

Ungerader Vierzehnender aus dem Reinhardswald, erlegt vom Verfasser am 27. 9. 1960

Um 1800 im Lorscher Wald bei Lampertheir erlegt

miete gefahrenen Wagen. Als ich ihm auf die Frage nach den erlegten Gänsen bekennen muß, daß ich keine habe, lacht er nur und meint, morgen früh würde es besser.

Natürlich versuchte ich es auch auf dem Abendzug, jedoch ebenfalls ohne Erfolg. Dieser ist gewöhnlich von kürzerer Dauer als der Zug am Morgen, auch kommen die Gänse abends höher. Besonders bei Mondhelle streichen sie so hoch, daß aussichtsreiche Schüsse nicht anzubringen sind. Am nächsten Morgen aber klappte es, ich hatte meine erste Wildgans erlegt.

»Kartoffeln, Rüben und herbstlicher Wind dem deutschen Jäger der Frühling sind.« Dieser Jagdspruch trifft stimmungsmäßig genau das, was ich immer wieder neu bei der Hühnerjagd empfunden habe, wenn ich statt des Vergleiches mit dem Frühling das Wort »Erntezeit« setze. Der Frühling ist Saatzeit, Brutzeit, Setzzeit, Hegezeit. Da ist der Jäger gar nicht auf große Jagdbeute eingestellt. Anders dagegen im Herbst. Jetzt kann die Ernte der Hege eingebracht werden. Die Hühnersuche hinter guten Hunden habe ich seit Beginn meiner Jägerlaufbahn immer gerne ausgeübt, nirgends aber habe ich ihren Reiz so empfunden wie auf den großen pommerschen Kartoffel- und Rübenschlägen, wenn von der Ostsee her eine frische Brise wehte, die Sonne am blauen, klaren Herbsthimmel erstrahlte. Dann konnte der Blick schweifen weithin bis an den Horizont, unbestimmte Sehnsüchte weckend. Solches Fernweh in die scheinbar unendliche Landschaft ist wohl ein unbewußtes Erbe von den baltischen Vorfahren mütterlicherseits.

Der Rebhühnerbesatz war trotz der intensiv betriebenen Landwirtschaft allgemein gut. Je Schütze an einem Jagdtage 15 bis 20 Hühner waren keine Seltenheit. Ebenso gab es reichlich Hasen. Die Intensität der Bewirtschaftung des Bodens hat den Niederwildbesatz nicht beeinträchtigt. Ich weise nur auf die großen Hasenstrecken in der Magdeburger Börde hin, wo die Landwirtschaft wohl am modernsten war. Ebenso waren die Fasanenbesätze gut, obschon man zu meiner pommerschen Zeit erst anfing, diese Wildart in größerem Umfange auszusetzen. Am nachteiligsten für die Niederwildhege ist meines Erachtens die zunehmende und im Übermaß getätigte Anwendung chemischer Unkraut- und Schädlingsvertilgungsmittel.

Die Treibjagden auf den großen Gütern im Herbst und Winter waren stets besondere Ereignisse nicht nur jagdlicher, sondern auch geselliger Art. Boten sie doch Gelegenheit, Verwandte und Freunde, welche zu solcher Jagd oftmals von weither anreisten, einmal im Jahre im größeren Kreis zusammenzubekommen, ebenso wie gesellschaftliche Verpflichtungen zu erfüllen. Je nach den Gegebenheiten wechselte die Zahl der Schützen etwa zwischen zehn und zwanzig. Zum Jagdfrühstück, welches meisten draußen auf dem vorbereiteten Frühstücksplatz eingenommen wurde, kamen die Damen des Hauses mit denen der Jagdgäste hinaus. Abends fand dann das Jagdessen im Hause statt, die Damen in Gesellschaftstoilette, die Herren im Frack, bei kleineren Essen im Smoking. Solche gepflegte Geselligkeit nach einer Jagd habe ich stets sehr angenehm empfunden, viel mehr jedenfalls, als im Jagdanzug mit durchschwitzter Wäsche und allenfalls gewechseltem Schuhwerk abends in irgend einer ländlichen Gaststätte zu sitzen. Auf gesellschaftliche Formen wurde im deutschen Osten übrigens nicht nur in den vorbezeichneten Kreisen, sondern auch in den übrigen Bevölkerungsschichten sehr großer Wert gelegt.

In Ostpommern, wo es die größeren Rittergutsforsten mit Rot- und Schwarzwildständen gab, spielten die sogenannten »Wildjagden« die Hauptrolle. Nicht selten lagen dreißig bis vierzig Stück Kahlwild oder Sauen auf der Strecke. Diese wurde abends vor dem Gutshause gelegt bei Fackelschein unter strenger Einhaltung aller Regeln des altüberlieferten jagdlichen Brauchtums. Nach Verteilung der Schützenbrüche wurde sie verblasen, was immer sehr eindrucksvoll und feierlich war. Zu einer solchen Wildjagd eingeladen zu werden, galt als persönliche Auszeichnung. Sie wurde zu wiederholten Malen nur demjenigen zuteil, der eine saubere Kugel schoß.

Während Hochwildjagden naturgemäß nur im Walde abgehalten wurden, spielten sich die Niederwildjagden sowohl im Walde als auch im Felde ab, im Walde in Gestalt von Vorstehtreiben, im Felde von Kesseltreiben, selten einmal als böhmische Streifen. Auch bei ihnen wurde auf die Einhaltung der traditionellen Jagdbräuche sehr geachtet. Neben Hasen, welche das Hauptkontingent darstellten, wurden besonders in den Waldtreiben Fasanenhähne, Karnickel, ab und zu ein Fuchs geschossen.

Eine der nettesten, alljährlich stattfindenden Jagden war die »große« Hasenjagd auf dem Gute Groß-Daberkow in Mecklenburg-Strelitz, das der Vater meines mir sehr befreundeten doppelten Corpsbruders Claus K. für seinen Sohn angepachtet hatte, damit er sich in die Leitung einer Landwirtschaft einarbeite, bevor er ein über 5000 Morgen großes eigenes Gut im Kreise Pyritz übernahm.

War mal wieder eine Jagdeinladung nach Groß-Daberkow eingetroffen, bestieg ich am Tage vorher voll freudiger Erwartung in Stettin den Zug. Bereits auf dem ersten Umsteigebahnhof Pasewalk traf sich ein Teil der Jagdgäste. Es waren im ganzen immer nur etwa zehn, und außer dem Guts- und Jagdnachbarn Frhr. v. B., von uns »Bodensee« genannt, und dem Bruder des Jagdherrn alles Corpsbrüder. Dieses erste Wiedersehen auf dem Pasewalker Bahnhof wurde immer mit »Altem Pasewalker« bekräftigt. Das war ein außer auf diesem Bahnhof im freien Handel nicht erhältlicher Weinbrand, welcher nach einem im Offizierskasino des früheren Pasewalker Kürassierregimentes »Königin« seit Generationen überlieferten Rezept hergestellt wurde, von hervorragendem Geschmack. Manche Kenner von Cognac zogen ihn sogar solchem aus Frankreich vor. Er ist heute wieder zu bekommen von einem Familienangehörigen der Pasewalker Reiter, der das Rezept gerettet hat. In meinem Hause geht er nicht aus.

Nach kurzer gemeinsamer Weiterfahrt mußte man, dann zumeist schon in fröhlicher Stimmung, in Strasburg/Uckermark wieder umsteigen in die Kleinbahn nach Woldegk in Mecklenburg. In Strasburg trafen wir einmal den zweiten Inspektor des Jagdherrn mit einem schweren Henkelkorb am Arm. Eine Untersuchung des flaschenverdächtigen Inhaltes ergab: »Sekt, zum Jagdessen bestimmt.« Das hinderte uns aber nicht, eine dieser Flaschen gleich im Abteil des Kleinbahnzuges zu trinken. Bei deren Öffnen schäumte natürlich Sekt über und bildete eine Pfütze auf dem Boden des Abteils. Als der Schaffner kam, verlangte er zunächst Reinigungsgebühren, bis wir ihm an Hand der noch nicht ganz geleerten Flasche klarmachen konnten, daß die Pfütze wirklich nichts anderes als reiner Schampus wäre. Nachdem er aus unseren Fahrkarten unsere Zielstation ersehen hatte, meinte er trocken: »Natürlich,

Firma Lademann und Söhne.« Dieser Ausspruch hat uns allen noch lange Spaß gemacht, und der Schaffner bekam anläßlich jeder Jagd, wenn der Zug auf der Station Groß-Daberkow die wieder abreisenden Jagdgäste aufnahm, einen Schnaps kredenzt. Das, solange unser Freund Claus das Gut in Pacht hatte, bis 1929. »Lademann« sagte man in der dortigen Gegend zu jemandem, der ordentlich einen »geladen« hat. Nach Übernahme des eigenen Gutes im Kreise Pyrnitz wurde eine landwirtschaftlich minder ertragreiche Fläche nach meinen Anweisungen mit verschiedenen schnellwüchsigen Ausländerholzarten aufgeforstet. Die Kultur bekam vom Gutsherrn den Namen »Lademannschonung«. Eine Tafel mit diesem Namen wurde dazugestellt. Sie stand noch neun Jahre später, im Herbst 1938, als ich die erfreulich herangewachsene, zu einer stattlichen Dickung gewordene Aufforstung zum letzten Male sah. Auf dem angrenzenden, über 100 Morgen großen Serradellaschlag schoß ich damals einen meiner besten Rehböcke.

Wenn wir in Groß-Daberkow zu den Jagden ankamen, erwartete uns direkt auf dem Bahnsteig neben dem Zuge der Kutscher Friedrich Milhahn mit dem Jagdwagen. An sich war es ja Unsinn, daß wir die 300 m bis zum Gut nicht zu Fuß gingen, aber es war nun mal vom Jagdherrn so angeordnet. Wir wurden in wenigen Minuten im schlanken Trabe bis vor das Gutshaus vorgefahren. Dort parierte Milhahn die Pferde genau vor der Haustür durch, wo der Hausherr seine Gäste empfing. Gewöhnlich war es dann auch schon Zeit zum Abendessen, dem sich ein behaglicher Umtrunk vor dem flackernden Kamin im Herrenzimmer anschloß. Er endete im Hinblick auf unsere Schießfertigkeit bei der morgigen Jagd verhältnismäßig – von Ausnahmen und bestimmten Anlässen abgesehen – ziemlich früh. Die Jagd anderntags bewegte sich um das Gut herum, so daß die Erbsensuppe zum Frühstück in einer Halle des Gutshofes gereicht werden konnte. Hierzu erschien dann auch der zuständige Gendarm, welcher nach der Dienstvorschrift bei jeder Jagd in seinem Bezirk die Jagscheine zu kontrollieren hatte. Da außer dem ortsansässigen Gutsherren und seinem Gutsnachbarn »Bodensee« alle Gäste von auswärts kamen, hatten sie natürlich keinen gültigen mecklenburg-strelitzer Jagdschein. Sie hatten aber alle, als sie zum erstenmal eingeladen worden waren, einen solchen gelöst – meistens nur einen Tagesjagdschein –, und mit diesem kleinen grünen, längst abgelaufenen Papierchen winkten wir, wenn der »Herr Wachtmeister« mit den Worten aufkreuzte: »Gutgen Morgen, meine Herren, ich muß die Jagdscheine kontrollieren. Aber ich kenne die Herren ja alle, Sie haben doch alle einen.« Darauf setzte er sich mit zu Tisch, aß seine Erbsensuppe, bekam seinen Hasen und verschwand. Dieses Spiel wiederholte sich alljährlich in gleicher Weise.

Das erste Treiben nach dem Frühstück wurde auf dem Gutshof abgehalten, um die in großen Mengen dort hausenden halbverwilderten Haustauben zu dezimieren. Das Gut war in Form eines nach dem Herrenhause zu offenen Quadrates gebaut. An den Ecken der verschiedenen Gebäude wurden die Schützen abgestellt. Jungens gingen mit langen Stangen bewaffnet durch die Ställe und Scheunen, um die Tauben aufzujagen, denn es durfte nur auf hoch fliegende geschossen werden. Nach der ersten fürchterlichen Knallerei kreisten die Tauben in großen Schwärmen allerdings in solchen Höhen herum, daß weitere Schüsse sinnlos waren. Die erlegten Tauben konnten sich die Treiberjungen mitnehmen. Da bei dieser Schießerei doch recht viele krank geschossen wurden, haben wir das Taubentreiben auf dem Gutshof in den späteren Jahren nicht mehr wiederholt.

Auf der Strecke lagen meist etwa 100 Hasen und einige Karnickel. Das Jagdessen abends war immer sehr feierlich bei festlich gedeckter Tafel und Kerzenbeleuchtung. Die Gäste waren alle im Frack. Damen waren nicht anwesend, denn der Haus- und Jagdherr war damals noch Junggeselle. Kutscher Milhahn fungierte dabei neben den servierenden Hausmädchen als Diener und sorgte für die Getränke, ebenso später für die Gäste, wenn es sehr munter wurde, wie er auch mit bemerkenswertem Geschick und völliger Diskretion jede Situation beherrschte. In der Erinnerung an den deutschen Osten und seine Menschen dieses einfachen, aufrechten Mannes besonders zu gedenken, ist mir eine Ehrenpflicht. Mir persönlich war er sehr zugetan. Das beruhte aber auf Gegenseitigkeit. Für ihn bin ich zeitlebens »der Herr Assessor« geblieben. Sein Ausspruch seinem Brotherren gegenüber, als er meine Frau zum ersten Male kennenlernte, die ihn natürlich auf Grund meiner Erzählungen freundlich begrüßte, er hätte aber doch nicht gedacht, daß der Assessor noch so eine Frau bekommen würde, bleibt bei uns unvergessen.

Seinem Herrn diente er in unwandelbarer Treue von 1924 bis zum Ende im Jahre 1945. Nach der Flucht der Familie des Gutsherrn blieb er noch einige Zeit auf dem Gute im Kreise Pyritz und brachte einige der wertvollsten Erinnerungsstücke seines Herrn vor den eindringenden Russen in Sicherheit. Er selbst zog dann später wieder mit seiner Frau nach Mecklenburg zurück, wo er nun schon seit Jahren den ewigen Schlaf in seiner Heimaterde schläft. Die geretteten Sachen konnte er seinem ehemaligen Dienstherren noch übersenden.

Als wir mit dessen Familie im engeren Freundeskreis seinen 70. Geburtstag vor einigen Jahren feiern durften, wurde ein aus diesem Anlaß geschriebener Brief von Frau Milhahn vorgelesen, der von rührender Anhänglichkeit zeugte. Dieser Brief führte uns noch einmal so recht vor Augen, wie eng und persönlich das Verhältnis zwischen den »ostelbischen Junkern« und den von ihnen »ausgebeuteten« Leuten entgegen allen Propagandalügen in Wirklichkeit gewesen ist.

Einmal fuhren wir, d. h. Freund Claus und ich, von Groß-Daberkow aus zu einer zweitägigen Jagd in ein anderes mecklenburgisches Revier. Wir waren sehr früh aufgebrochen, da wir mit den Pferden einige 30 Kilometer – auf dem Kutschersitz Milhahn – zurückzulegen hatten. Unterwegs kamen wir auf fremder Feldgemarkung an einem starken Flug Großtrappen vorbei, die uns eigentümlicherweise trotz ihrer sonstigen Scheuheit gut aushielten. Mehrere starke Hähne standen auf Büchsenschußweite. Milhahn meinte treuherzig, er würde kurz anhalten und wir sollten jeder einen Hahn schießen. Das würde schon niemand so früh am Tage merken, da weit und breit kein Haus oder Mensch zu sehen sei. Ein in der Ferne in diesem Augenblick auftauchender Reiter enthob uns weiteren Versuchungen. Für mich aber war es das erste und einzige Mal, daß ich dieses edle Flugwild in solcher Nähe vor mir gehabt habe.

Wir kamen rechtzeitig zur Jagd. Am ersten Tag wurde nur im Wald auf Damwild getrieben. Dabei bewies diese Wildart wieder, wie schwer sie sich treiben läßt, denn nur ein Schütze konnte ein Damtier erlegen. Trotzdem dehnte sich der Umtrunk am Abend so lange aus, daß man anderntags zum Feldtreiben auf Hasen ausgesprochen müde war. Da passierte es mir dann beim Auslaufen eines Kessels, daß ich auf einem Feldwege hinter einer Figur hertrottete, bis ich durch Schüsse und Treiberlärm rechts von mir aufgeweckt feststellen mußte, daß ich einer alten Frau nachgelaufen war. Kurz entschlossen rechtsum auf den Kessel zugegangen, erlegte ich dann auch noch zwei durch die Schützenlinie durch- und mir entgegenkommende Hasen, womit mein jagdliches Renommee wieder hergestellt war.

Auch nach Beendigung meiner Stettiner Dienstzeit besuchte ich mehrmals im Herbst meine Freunde in Pommern und erlebte dort noch viele schöne Jagdtage. Als mich anläßlich einer solchen Besuchsreise im Anschluß an die große Stettiner Tagung des Deutschen Forstvereins, Herbst 1936, Milhahn auf dem Bahnhof in Stargard, jetzt stolz in Chauffeurlivree am Steuer des großen Horch, abholte, meinte er, wir müßten uns beeilen, um noch Hühner zum Abendessen zu schießen. Das geschah denn auch, wir hatten nach einer Stunde zu dritt, der Gutsherr, sein Privatförster und ich, etwa 40 Rebhühner am Galgen. Dabei kommt mir wieder die Überlegung, warum unser Rebhühnerbestand heutzutage derart im Rückgang ist. Die Landwirtschaft wurde dort in intensivster Weise nach modernsten Methoden betrieben. Die großen Feldschläge – durchschnittlich je 100 bis 150 Morgen – wurden sofort nach der Ernte mit dem Dampfpflug umgebrochen, und zwar in Schichtarbeit Tag und auch die Nacht hindurch bei Scheinwerferlicht. Die ganze nahezu 5000 Morgen umfassende landwirtschaftlich genutzte Fläche hatte den Charakter einer ausgesprochenen Kultursteppe. Trotzdem lebten hierauf eine Menge Rebhühner.

Im gleichen Revier beim selben Besuch erlegte ich auch den dort stärksten Damschaufler. Als der damalige Besitzer das Gut 1929 übernahm, kamen von Schalenwildarten nur gelegentlich Sauen als Wechselwild und ein – allerdings auch qualitativ sehr guter – zahlenmäßig starker Bestand an Rehwild, vorwiegend als Feldrehe, vor. Der zu dem Besitz gehörige Wald lag in wenigen Parzellen verstreut hauptsächlich an den Grenzen des Gutes. Nur entlang des Plöneseeufers befand sich ein größerer Komplex von etwa 200 ha Erlen-, Pappeln-, Ulmen-, Weiden- und Strauchdickicht. Da unter ähnlichen ökologischen Gegebenheiten in nicht allzu weiter Nachbarschaft ein recht guter Damwildbestand vorhanden war, wurden 1929 einige Damtiere und ein mittlerer Schaufler ungarischer Herkunft ausgesetzt. Dieser hatte 1936 mindestens den 10. Kopf, wenn nicht mehr, erreicht und trug ein kapitales Geweih. Der Damwildstand hatte sich so gut entwickelt, daß der alte Hirsch nun von meiner Hand fallen sollte. Er war unverkennbar an der Stärke nicht nur der Schaufeln, sondern auch des ganzen Körpers und an dem einen halben Lauscher, mit dem er seinerzeit schon ausgesetzt worden war. Ich schoß ihn vormittags beim Pirschenfahren. Er brach am Anschuß mit Blattschuß zusammen. Aber unter den 20 Damhirschen, die ich in meinem Leben erlegte, war er glücklicherweise der einzige, der bis zum Verenden dreier Fangschüsse auf den Hals bedurfte. Zwei Jahre später, bei meinem letzten Besuch in Pommern, Herbst 1938, schoß ich dort noch einen Schaufler.

Ich habe Pommern danach nur noch einmal auf der Durchreise wiedergesehen. Ich mußte Anfang März 1943 von Prag aus zu einer Dienstbesprechung nach Danzig fahren. Hin fuhr ich nachts im Schlafwagen, jedoch auf der Rückfahrt kam ich am Tage durch Pommern. Beginnend an der ehemaligen Grenzstation zum früheren polnischen Korridor, Groß-Boschpol, fuhr der Zug die altvertraute Strecke über Lauenburg, Stolp, Schlawe, Köslin, Belgard, Stargard nach Stettin. Ein trüber Tag, die ganze Landschaft nebelverhangen, grau in grau. Die Stimmung, auf Grund der allgemeinen Kriegslage schon niedergedrückt, sank bei diesem Eindruck tief, richtig zum Abschiednehmen. Allerdings ohne eine Ahnung, daß es der Abschied für immer und allezeit von diesem schönen deutschen Lande und seinen Menschen sein würde, der Abschluß einer ganzen Epoche menschlichen Lebens.

Kapitel 5 In der Tschechoslowakei

Die Tschechoslowakei nach ihrem Territorialstande vor 1938 war jagdlich zu trennen in ein westliches, aus Böhmen, Mähren, Schlesien und dem Westteil der Slowakei bestehendes Gebiet mit überwiegender Niederjagd und das östliche Waldjagdgebiet, in dem mit Ausnahme der Donauniederung Hochwild überwog. Die zu diesem Ostgebiet mit dem größten Teil gehörige Slowakei war zu meiner Prager Zeit ein eigenständiger Staat. Das ganz im Osten liegende Karpathenrußland, auch Karpathenukraine oder heute Ruthenien genannt, war 1939 von der Sowjetunion annektiert und der Hauptteil Tetschener-Schlesiens, das Olsagebiet, unter deutscher Verwaltung. Die Randgebiete Böhmens und Mährens, meist Mittelgebirge, waren 1938 auf Grund des Münchener Abkommens als Sudetengau in das Deutsche Reich eingegliedert worden. So gehörten damals zu meinem Tätigkeitsbereich nur das Innere der alten Länder Böhmen und Mähren sowie von Schlesien die Westbeskiden. Nach dem Kriege fiel alles an die Tschechoslowakei zurück mit Ausnahme von Ruthenien, das Rußland behalten hat.

Die Wildfauna trug typisch mittel- und westeuropäischen Charakter. In dem sehr abwechslungsreichen Hügel- und Flachland von 200 bis 600 m Seehöhe mit zahlreichen Gewässern, Wiesen und Heiden, stellenweise mit größeren, meist aber kleineren Waldkomplexen durchsetzt, war der Bestand an Hasen, Fasanen und Rebhühnern sehr gut, ebenso auch an Rehwild, welches in Gehörn- und Körperstärke sich von unserem westdeutschen nicht unterschied. In der südböhmischen Wald- und Teichebene von Wittingau, genannt »Blata«, kam Rotwild sowie auch etwas Damwild in freier Wildbahn vor und, besonders letzteres, in mehreren Gattern im gesamten Protektorat. Auch das mittelböhmische Waldgebiet von Pürglitz nordwestlich Prag beherbergte einen guten Rotwildstand ebenso wie die Auewaldungen der March in Südmähren und die

Westbeskiden. Aber selbst dort, trotz der unmittelbar angrenzenden Slowakei, waren Kreuzungen zwischen westlicher und östlicher Rotwildrasse nicht erkennbar, denn auch das Rotwild der Westbeskiden gehörte ebenso zur westlichen Rasse.

Schwarzwild als Standwild gab es nur in Gehegen, abgesehen von einzelnen Stücken Wechselwild an der slowakischen Grenze. In Mähren kam stellenweise Muffelwild in freier Wildbahn, teilweise auch in Gattern, vor, ebenso wie in einem staatlichen Gatter daneben Sikawild und einem privaten in Westböhmen der amerikanische Weißwedelhirsch, dort Virginiahirsch genannt. Einen davon habe ich erlegt. Dieses war übrigens gar nicht einfach und bedurfte einer langen Pirsch, bis ich endlich an einen jagdbaren Hirsch herankam. Er stand dann so hinter zwei Baumstämmen, daß nur eine Handbreit des sonst völlig verdeckten Blattes frei, das Ziel auf ca. 100 m Entfernung also sehr klein war. Warten, bis er weiterzog, erschien nicht ratsam, weil er vermutlich dann ganz verdeckt gewesen wäre, so daß ich mich trotz des Abratens des mich führenden fürstlichen Forstmeisters zum Schuß entschloß. Der Hirsch brach mit der Kugel dort, wo sie sitzen sollte, im Feuer zusammen.

So sehr mich dieses mir bis dahin völlig unbekannte Wild interessiert hatte, so wenig hätte ich noch einmal ein Stück geschossen. Ich fand diese Hirschart mit ihren bizarr anmutenden vorwärts gebogenen Geweihstangen fremdartig und in die mitteleuropäische Landschaft nicht hineinpassend. Dagegen empfinde ich das ursprünglich aus dem Fernen Osten stammende Sikawild ganz anders, sich gut in unsere Landschaft einfügend. Zwei Sikahirsche und einige Stücke Kahlwild habe ich in dem staatlichen mährischen Gatterrevier gestreckt. Einen dritten beschossenen Hirsch bekam ich trotz tagelanger Nachsuche unter Beteiligung aller zuständigen Forstbeamten nicht. Er hatte in einem Kiefernstangenholz gestanden, das Blatt augenscheinlich frei. Ich kam gut ab, der Hirsch zeichnete deutlich, ging aber hochflüchtig ab. Am Anschuß eine Menge Holzsplitter und lange Schnitthaare vom Rücken, neben der Fluchtfährte anfänglich reichlich, dann immer weniger kleine Holzspäne. Des Rätsels Lösung fand sich in einer grauborkigen Kiefernstange. Sie wies in Höhe des Blattes einen schräg aufwärts verlaufenden Durchschuß auf. Zwischen mir und dem im Winterhaar dunkelgrauen Hirsch hatte sie gestanden, unsichtbar, weil sie sich von diesem nicht abhob. Das etwas nach oben abgelenkte Geschoß hatte den Hirsch am Rücken gestreift. Zu diesem Ergebnis kamen wir am Ende der vergeblichen Nachsuche. Im nächsten Jahre beim Abschuß durch den deutschen kommissarischen Leiter der zuständigen Forstdirektion hat sich diese Diagnose bestätigt. Am Widerrist wies der Hirsch einen verheilten Streifschuß auf.

Sikawild erscheint durchaus geeignet, den Wildstand mancher Reviere zu bereichern. Es ist ziemlich standorttreu, verhältnismäßig genügsam in bezug auf Äsung, verursacht schon wegen seiner geringeren Körperstärke erheblich weniger Wildschaden als Rotwild. Es entspricht in seiner Größe etwa schwachem Damwild, ist nur gedrungener, kürzer. Besonders die Hirsche erscheinen in ihrer Figur beinahe quadratisch. Im Sommerhaar ist Sikawild ähnlich dem Damwild gefleckt, im Winter dunkelgrau. Die Hirsche sehen im langen Winterhaar fast schwarz aus und bieten mit den hellen, verhältnismäßig hohen Geweihen einen sehr erfreulichen Anblick. An sich ist das Sikageweih im Durchschnitt zwar nur ca. 50 cm, im Höchstfall etwa 60 cm hoch, aber es wirkt auf dem kleinen Hirsch stark. Normalerweise kommt es über den Achter nicht hinaus, Zehner sind Ausnahmen. Mein zweiter Sikahirsch war ein solcher.

Als um etwa 1960 der Besitzer der Privatforstverwaltung Schlitz in Oberhessen Sikawild aussetzen wollte, habe ich das gefördert. Soweit es bis jetzt beurteilt werden kann, hat es sich, nachdem es vor etwa drei Jahren aus dem Eingewöhnungsgatter herausgelassen wurde, gut eingebürgert. Vor zwei Jahren bei einer Pirschfahrt auf den Rehbock am frühen Morgen habe ich ein hochbeschlagenes Tier angetroffen. Zu bemerken wäre noch, daß Sikawildbret im Geschmack noch einen Damspießer- oder -Schmaltierrücken übertrifft.

Obwohl meine dienstliche Stellung mir allenthalben große jagdliche Möglichkeiten eröffnete und ich diese gerne und auch in reichlichem Maße wahrnahm, habe ich sie niemals über Gebühr ausgenutzt. Vor allem habe ich gleich nach meiner Dienstübernahme die bewährten Hege- und Abschußrichtlinien des in Böhmen und Mähren offiziell nicht geltenden Reichsjagdgesetzes eingeführt, und zwar sowohl für das Schalenwild als auch die zahlenmäßig sehr guten Auer- und Birkwildbestände. Mehr als ein jagdbarer Hirsch in einem Jahre durfte in den staatseigenen Forsten von niemandem geschossen werden. Das habe ich selbstverständlich auch für meine Person befolgt. In den vier Jahren meiner beruflichen Tätigkeit in Böhmen und Mähren habe ich dort drei jagdbare Hirsche erlegt, sonst nur abschußnotwendige. Von diesen waren allzu viele vorhanden, weil früher, ähnlich wie vor dem Reichsjagdgesetz bei uns in Deutschland, jeder Jäger bestrebt war, nur möglichst starke Hirsche zu erlegen.

Den ersten meiner drei dort jagdbaren Hirsche schoß ich in der ersten Brunft im September 1939 im Bereich der Forstdirektion Wittingau in Südböhmen unweit der Grenze zum österreichischen Waldviertel. Dem anmoorigen Standort entsprechend war das gut geperlte Geweih fast schwarz, ein alter Zehner. Ab 1940 jedoch verlegte ich in der Hirschbrunft mein Tätigkeitsfeld in die Beskidenforstämter Mohelnitz und Moravka, letzteres an das Olsagebiet angrenzend, ersteres an die Slowakei. In diesem Forstamt befand sich mein Standquartier, die Labaschky-Hütte. Sie stand in etwa 900 Metern Meereshöhe an einem steilen Hang des Massivs der Lysa-Hora, des »kahlen Berges«. Sein 1325 Meter hoher Gipfel war tatsächlich kahl, sein oberer Vegetationsgürtel zwischen 900 und 1200 Meter Urwald. Hier sind Axt und Säge nur benutzt worden, um Pirschpfade freizumachen, sonst standen und lagen junge bis mehrhundertjährige grüne, dürre und faulende Bergahorne, Buchen, Fichten und, in den etwas tieferen Lagen, Weißtannen über- und durcheinander. Wo der dichte Kronenschirm Löcher ließ, fand sich Jungwuchs an, besonders Bergahornanflug. In diesem Gewirr von Stämmen und Ästen einen Hirsch anzupirschen oder einen Auerhahn anzuspringen, war trotz der vorhandenen Pirschsteige schon eine waidmännische Kunst. Unter 900 Metern Meereshöhe war Wirtschaftswald, vorwiegend Buche und Fichte. Die Lysa Hora ist übrigens nicht zu verwechseln mit dem östlich Kielce in Polen verlaufenden, sich nur etwas über 600 Meter erhebenden Gebirgszug »Lysa Gora«, was ebenfalls »kahler Berg« auf polnisch heißt. Nach diesem wurden die »Bergpolen« bezeichnet als »Goralen«. So wurden die vorwiegend Viehzucht treibenden, auf bescheidenen Berghöfen sitzenden, anspruchslosen Ureinwohner der mährischen

Beskiden merkwürdigerweise auch genannt. Aus sprachlicher Sicht hätten sie doch wohl »Horalen« heißen müssen.

Die Labaschky-Hütte bestand aus für Jagdgäste und Personal getrennten Wohn- und Schlafräumen, Küche, Wirtschaftsgelaß und einer langen überdachten Veranda mit prachtvoller Aussicht über einen weiten und tiefen Talkessel und hoch aufstrebende Berge. Zur hohen Zeit der Hirsche erklang von den umliegenden Hängen fast zu jeder Tageszeit ein mehrstimmiges Brunftkonzert. Trat man frühmorgens vor die Hütte, so konnte man von dort aus die Hirsche gut verhören und sich danach mit dem Angehen auf einem der an den Hängen entlang verlaufenden Pirschsteige richten. Man mußte schon ziemlich früh aufstehen, etwa um drei Uhr, denn dort im Osten geht die Sonne etwa eine Stunde eher auf als bei uns. Aber das kalte, klare Bergwasser weckte die Lebensgeister sehr schnell. An dem Hang hinter der Jagdhütte befand sich eine Quelle, die gefaßt und mit einem genügend großen Auffangbehälter versehen, jederzeit frisches Wasser bot. Ich ließ ein Rohr durch die Rückwand der Hütte direkt von der Quelle legen, so daß ich, in meiner Gummibadewanne stehend, nur den Hahn aufzudrehen brauchte und das schönste Duschbad hatte. Als sich dieses allmählich herumsprach, erregte es ebensolches Aufsehen wie die Tatsache, daß ich mich regelmäßig nach der Frühpirsch auch bei tagelangem Jagdhüttenaufenthalt zu rasieren pflege. Das war dort im allgemeinen ganz ungewöhnlich. Wenn ich an diese Zeiten zurückdenke, so könnte ich mir aber keinen ruhigeren, erholsameren Urlaubsaufenthalt wünschen als damals auf der Labaschky-Hütte in den Beskiden.

Es war Hirschbrunft, 1940. Zwei Tage waren bereits vergangen, ein Wetterumschlag hatte wie so häufig die Hirsche verstummen lassen. Es blieb also nur die stille Pirsch. Als ich morgens mit dem mich führenden Forstverwalter, eine unserem Forstamtmann entsprechende Dienstbezeichnung, vor die Jagdhütte trat, nichts als brauende, wallende Nebel. Kein Hirsch zu hören. Wir entschlossen uns für eine längere Morgenpirsch, und zwar wegen des Nebelvorhanges der Hanglagen über die Höhen hin. Als wir einen Goraleneinödshof durchquerten, ertönte plötzlich eine fröhliche Frauenstimme »dobri den«, das heißt »guten Tag«. Wir entdeckten beim Umherblicken die freundliche Ruferin in dem neben der Jauchegrube stehenden Häuschen sitzen, welches, wie dort üblich, keine Vordertür besitzt. Nun, meine scherzhafte Bemerkung zum Forstverwalter, daß dieses Erlebnis ja wohl Glück bringen dürfte, wurde von ihm quittiert mit dem gleichen Scherz, ich würde heute bestimmt meinen Hirsch schießen. Nach stundenlanger Morgenpirsch, die Uhr war auf 9 vorgerückt, der Magen erinnerte an Frühstück, schlugen wir langsam wieder die Richtung Hütte ein. An einer großen, etwa einen Meter hohen Fichtenkultur mit einem Hochsitz vorbeikommend, meinte der Forstverwalter, wir sollten doch noch einmal von oben her die Kulturfläche überblicken, ob nicht irgendwo Wild säße. Gesagt, getan. Als er fast oben auf der Leiter stand, ich auf deren Hälfte etwa, stieß er mich mit dem Fuße rückwärts deutend an. Ich drehte mich um und sah in etwa 50 m Entfernung ein starkes Geweih über die Fichten ragen. Während ich auf der Leiter stehenbleibend meine Büchse von der Schulter und hoch nahm, stand der Hirsch auf, sank aber auf den Schuß in sein Bett zurück. Wir runter von der Leiter, hingeeilt, und vor uns lag ein starker, alter gerader Zwölfer bereits verendet, mein erster Beskidenhirsch.

Zu Beginn der Hirschbrunft des folgenden Jahres 1941 saß ich wieder voll freudiger Erwartung von Prag kommend im Schnellzug. In Mährisch-Ostrau holte mich der kommissarische Leiter der Forstdirektion, Friedeck, ein österreichischer Forstmeister, ab und fuhr gleich mit ins Gebirge. Er wollte mich dieses Mal selbst führen. Soweit der Fahrweg reichte, ging es mit dem Wagen, dann zwei Stunden zu Fuß aufwärts, denn die Labaschky-Hütte war mit dem Auto nicht anzufahren. Abends meldeten von den umliegenden Hängen einige Hirsche, aber nur sehr schleppend und müde. Es war zu spät am Nachmittag, um vor Einbruch der Dunkelheit noch einen aussichtsreichen Pirschgang zu unternehmen. Wir verschoben dieses auf den anderen Morgen, an dem aber ein richtiges Brunftkonzert auch nicht zu vernehmen war. Wir machten uns auf, die Seitentäler unseres Talkessels abzupirschen. Gleich am Anfang des ersten stand ein älterer Achter, typischer Abschußhirsch, den ich denn auch schoß. Als wir weiterpirschten, querte plötzlich ein zweiter, ebensolcher Achter unseren Weg, der auch dem Wahlabschuß verfiel. Mit zwei Hirschen an einem Morgen hatte ich nun genug, denn Hirsche sind kein Wild für Massenstrecken, auch wenn sie keine weltbewegenden Trophäen lieferten. Schließlich ist für mich das jagdliche Erlebnis maßgebend und nicht die Menge des erlegten Wildes, am wenigsten bei edlem Hochwild. Deshalb interessierte mich ein an einem Gegenhang mit seinem Rudel von 4 bis 5 Stück stehender jagdbarer Hirsch, den wir auf dem Rückweg sahen, gar nicht. Ich wollte ja auch noch einige Tage auf der Hütte bleiben. Aber der Forstmeister sprach auf mich ein, ich solle doch schießen. Ich lehnte ab, es war außerdem mindestens 300 m Luftlinie bis zum Hirsch, welcher unbeweglich scheibenbreit dastand. Ich wollte einfach nicht, es widerstrebte mir, nun auch noch einen dritten Hirsch an diesem Morgen zu schießen. Dann hätte man ihm sich ja auch mit ziemlich unsicheren Umgehungsmanövern zu nähern versuchen müssen, kurz, ich verneinte. Aber der Forstmeister ruhte nicht, er meinte, für meine Schießkunst und für meine gute Büchse spielte diese Entfernung doch überhaupt keine Rolle. Er drängelte, drängelte, bis mich schließlich die Wut packte und ich schoß. Der Hirsch schlug mit beiden Hinterläufen stark aus und zog langsam, sichtlich krank in die benachbarte Dickung. Trotz der freudigen Zustimmung seitens des Forstmeisters, welcher den Hirsch in der Dickung sofort verendet zu finden behauptete, hatte ich ein stark ungutes Gefühl bei der ganzen Sache und bedauerte schon wieder, daß ich mich hatte hinreißen lassen zu schießen. Und wie sich herausstellte mit Recht. Am Anschuß ein winziger Tropfen Schweiß, sonst nichts. In der Dickung natürlich kein Hirsch. Ich blieb am Ort der Tat sitzen, lehnte es ab, in der Zwischenzeit irgendwohin zu gehen und etwas zu essen, während der Forstmeister zum nächsten Hegerdienstgehöft ging, um telefonisch Hunde anzufordern. Nach gut zwei Stunden war er zurück, nach mehr als drei Stunden erschienen drei Forstbeamte mit Hunden, dabei ein Hannoverscher Schweißhund. Die Nachsuche ging über Berg und Tal bis zur Abenddämmerung ohne jeden Erfolg und ohne jede Pause. Dabei ahnte ich nicht, daß sich ein Jahr später die rätselhafte Schußverletzung aufklären würde. Als wir an diesem Abend völlig ausgepumpt wieder in der Labaschky-Hütte anlangten, wartete dort die Nachricht auf mich, daß der Reichsprotektor in Böhmen und

Mähren, Freiherr von Neurath, abberufen worden sei. Daraufhin hielt ich es für besser, nach Prag zurückzufahren, denn man konnte nicht wissen, was an personellen Änderungen auch in meiner Verwaltung nun vor sich gehen würde. Ich hatte den alten Herrn von Neurath sehr geschätzt. Für die Partei-Oberen war es aber schon lange ein Ärgernis, daß er in der Manier des Verwaltungsbeamten alter Schule die tschechische Bevölkerung korrekt und sachlich behandelte, sein Amt diplomatisch und unparteiisch ausübte. Diese Kreise hatten nun seine Abberufung durchgesetzt. Was jetzt geschehen würde, konnte man sich denken, ohne dazu besonderer Sehergabe zu bedürfen. Meine Abreise aus dem Jagdgebiet fiel mir aber nach dem ärgerlichen Mißgeschick mit dem Hirsch nicht allzu schwer.

Zur Hühnerjagd und Hirschbrunft 1942 hatte ich meinen Schwager aus Alsfeld in Oberhessen eingeladen. Ich wollte ihn, der gerade durch den Krieg seinen einzigen Sohn und Erben des Betriebes verloren hatte, auf andere Gedanken bringen, ihm wieder etwas Freude bereiten. Zunächst machten wir einige kleinere Hühnerjagden auf staatlichen Gütern unweit von Prag. Wir schossen dabei an jedem Nachmittag in wenigen Stunden zu zwei bis drei Schützen und ebensoviel Hunden zusammen immer etwa 60 bis 80 Rebhühner. Für einen Jäger aus dem Reich waren das damals schon große Strecken, für uns dort kleine Jägdchen. Anfang des letzten Septemberdrittels fuhren wir in die Beskiden. Wir bezogen zunächst zusammen die Labaschky-Hütte. Die Brunft hatte erst gerade begonnen, kam langsam in Gang. Mein Schwager sollte unbedingt nur einen jagdbaren Hirsch schießen, bekam aber keinen in Anblick. Das ging so tagelang. Ich hätte schon den einen oder anderen erlegen können, wollte aber nicht, bevor er seinen Hirsch hatte. Ich wurde schon ganz mißmutig. Die Zeit verstrich, ich mußte aus dienstlichen Gründen spätestens am 28. September wieder in Prag sein, und es wollte und wollte einfach nicht. Aus dem Pirschbezirk meines Schwagers war kein Schuß zu hören, Tag für Tag. Ich vertrieb mir die Zeit, indem ich auf Haselhähne spißte, bekam aber auch keinen, denn jedesmal, bis ich die Büchsflinte an der Backe hatte, war der kleine Kobold im Gebüsch wieder verschwunden. Eines Nachmittags, nachdem ich mich wiederum vergeblich um einen kleinen Hahn bemüht hatte, pirschte ich auf einen etwa 300 Meter breiten senkrecht hangabwärts verlaufenden Aufhieb einer Fichtenabteilung zu. Am Rande des stehengebliebenen Bestandes sah ich plötzlich eine neue Kanzel mit Fichtenrinde verkleidet, aber so wie ich sie nicht liebe, rundherum geschlossen mit Dach. Ich bevorzuge offene Hochsitze, den freien Himmel über mir. Gegen das Naßwerden gibt es Mäntel! Man soll die Jagd doch noch etwas naturnah lassen. Dieses hier war nun ein geschlossener Kasten und komisch, er hatte gar keine Beobachtungs- oder Schießluken. Sowas hatte ich nun doch nicht erlebt, das mußte ich mir aus der Nähe ansehen. Tatsächlich, das Ding war absolut zu. Was sich der geniale Erbauer wohl gedacht haben mochte! So war weder etwas von dieser Kanzel aus zu sehen, geschweige denn zu schießen. Ich stellte meine Büchsflinte in eine Ecke, zog mein Waidmesser heraus und begann, in die Fichtenrinde Luken zu schneiden. Diese war bruchtrocken, es krachte gewaltig. Wie ich so in der besten Arbeit war, hörte ich es plötzlich schräg unter mir hinten im Fichtenbestand brechen, es erschien einer der ewigen Achter auf der Aufhiebsfläche und trollte flott auf den gegenüberliegenden Bestandesrand zu. Das war mir denn doch zuviel. Ich griff mir die Büchsflinte aus der Kanzelecke und setzte ihm das 9,3-mm-Kupferteilmantelgeschoß, als er 70 oder 80 Meter entfernt war, auf das Blatt. Er zeichnete durch eine Hochflucht, raste ungefähr 100 Meter weiter und brach noch auf dem Aufhieb zusammen.

Aus der Richtung meines Schwagers aber wieder kein Schuß. Am anderen Morgen das gleiche Spiel. Mittags kam der kommissarische Leiter der Forstdirektion. Er wollte doch mal selbst sehen, warum es bei uns beiden mit einem guten Hirsch nicht klappen wollte. Zur Nachmittagspirsch ging er mit mir. Aber das Spiel der Vortage wiederholte sich, nichts! Die Hirsche schrien auch schlecht, dabei war es der 25. September, im Osten normalerweise Hochbrunft. Übermorgen, am 27., mußte ich nach Prag zurückreisen. Deshalb hatte ich die Hoffnung auf einen guten Hirsch allmählich für diesen Herbst aufgegeben, während wir bei einbrechender Dämmerung zur Hütte gingen. Am Rande eines großen Kahlschlages stand ein Hochsitz. Der Forstmeister meinte, wir sollten da noch einmal hinaufsteigen und die Fläche mit dem Glase überschauen, dafür wäre das Licht noch ausreichend. Wie wir, nicht ganz geräuschlos, oben auf dem Hochsitz ankommen, sehen wir einen der Figur nach alten Hirsch mit einem massigen Geweih, an dem die Enden bei dem Dämmerlicht nicht mehr erkennbar waren, über die Kultur schräg auf uns zuziehen, als wollte er nachsehen, woher das Geräusch wohl gekommen wäre. Wir waren uns beide sofort klar, daß wir hier einen hochjagdbaren Hirsch vor uns hatten. Das Fernrohrabsehen war auf dem Wildkörper gerade noch zu erkennen. So schoß ich. Der Feuerstrahl aus der Büchse blendete. Wir konnten daher zunächst nicht sehen, was auf den Schuß passierte. Aber wegflüchten hörten wir den Hirsch auch nicht. Wir gingen darum auf den Anschuß zu und standen vor einem ganz klobigen ungeraden Zehner. Leider habe ich die genauen Maße nicht mehr. Nur das Bild, welches mein Schwager am anderen Tage vor der Labaschky-Hütte aufnahm und von dem er noch den Film besitzt, habe ich nach dem Kriege wiederbekommen als Erinnerung an meinen stärksten und letzten Beskidenhirsch.

Während ich am nächsten Tage nach Prag zurückreiste, siedelte mein Schwager auf Anraten des Leiters der Forstdirektion in die sehr viel weniger komfortable, aber noch entlegenere Zimny-Hütte im Dienstbezirk des Hegers Ignaz Wilczek über. Dieser galt als einer der besten Jagdführer des Forstamtes, und unter seiner bewährten Führung schoß dann auch mein Schwager am 29. September 1942 um 13 Uhr einen guten, alten ungeraden Kronenzehner. Für mich doppelt erfreulich, denn es war der Hirsch, den ich in der vorjährigen Brunft beschossen hatte. Der Schuß hatte das Fesselgelenk des rechten Hinterlaufes zertrümmert. Dieser hatte sich zwar ausgeheilt, war aber unbeweglich geworden, das zerschossene Gelenk hatte sich zu einer faustgroßen Geschwulst verändert. Die Schalen waren nach hinten umgebogen, der Hirsch setzte den Lauf auf der Schalenoberfläche auf. Die linke Stange hatte keine Krone, war leicht verbogen, deren Mittelsprosse nach unten. Der Hirsch wurde ganz in der Nähe der Stelle erlegt, wo ich ihn im vorhergehenden Jahr angeschweißt hatte. Das Geweih hat die Ausbombung des Hauses meines Schwagers deshalb überstanden, weil es zu der Zeit noch auf einem Flugplatz der Luftwaffe lag, wohin ein befreundeter Offizier es aus dem Protektorat herausgebracht hatte.

So habe ich noch heute Gelegenheit, wenn ich Schwester und Schwager besuche, das Geweih eines guten Beskidenhirsches immer einmal wiederzusehen, mit dem mich eine persönliche Erinnerung verbindet.

Da ich zu unseren großen Niederwildjagden häufig den Leiter des Landesforstamtes in Reichenberg einlud, bekam ich Gegeneinladungen, auch zur Hirschbrunft. Zwei Hirsche habe ich im Sudetenland erlegt, einen im Erzgebirge im Forstamt Oberleuthensdorf und einen im Altvatergebirge im Forstamt Würbenthal. Dieser letzte, ein alter starker Achter, fiel am Ende der Brunft und stank wie ein alter Ziegenbock geradezu schauerlich. Als der in den Reichsforstdienst übernommene einheimische Revierförster beim Aufbrechen des Hirsches die Brunftkugeln sorgfältig in seinen Rucksack packte, bemerkte er auf meine leicht entsetzte Frage, diese seien eine Delikatesse, welche er zum Abendessen braten werde.

Meinen erfolgreichsten Jagdtag mit der größten Tagesstrecke an Schalenwild in Böhmen und Mähren erlebte ich in einem Forstamt des Fürsten Liechtenstein, welcher dort noch über umfangreiche Privatbesitzungen gebot. Ich hatte zum Bruder des Fürsten, der die Verwaltung im Protektorat leitete, persönliche Beziehungen und wurde unter anderem auf einen starken Muffelwidder in einem Revier im Raume Brünn eingeladen. Der fürstliche Forstdirektor holte mich am Morgen eines sonnigen Januartages mit dem Auto im staatlichen Schloß Kiritein, wo die Hochschulforstdirektion Brünn mehrere Gästezimmer eingerichtet hatte, ab. An der Reviergrenze angekommen, stiegen wir in einen Schlitten um, und es begann eine wunderschöne Fahrt durch den tief verschneiten Wald. Einige Stunden waren wir schon unterwegs, hatten auch verschiedentlich unherziehendes Rot- und Rehwild gesehen, aber noch keinen Widder. Plötzlich in guter Schußweite auf einer Freifläche am Hang neben dem Wege ein starker Widder, schwarz, zottig, im weißen Schnee ein uriger Anblick. Ich glitt aus dem fahrenden Schlitten, und während der Widder diesem nachäugte, schoß ich. Er war sofort verendet. Seine Schnecken, deren Maße ich leider nicht mehr habe, waren den Schildwiddern der Internationalen Berliner Jagdausstellung gleichwertig. Nachdem der Widder aufgebrochen und in der Wildkelle hinten am Schlitten verstaut war, ging die Fahrt in Richtung Jagdhaus, wo uns Prinz Liechtenstein zum Frühstück erwartete. Auf dem Wege trafen wir ein einzelnes Alttier, welches ich auf Bitte des Forstdirektors auch schoß. Beim Frühstück meinte der Prinz, ich solle doch noch den Nachmittag weiterjagen, der Abschuß sei noch nicht erfüllt, ich könne schießen, was ich wolle. Wir fuhren also auch am Nachmittag im Schlitten im Walde herum, wobei ich noch eine Ricke und einen älteren Abschußhirsch zur Strecke brachte. Als ich dann aber gegen Abend noch ein gehörntes Muffelschaf schießen wollte, schien es, als ob Diana es der Gunstbeweise für genug erachtete. Ich schweißte das Schaf mit einem Streifschuß leicht an, wie sich bei der im Schnee einfachen Nachsuche dieses Abends und des anderen Tages herausstellte. Immerhin war eine Tagesstrecke von Hirsch, Alttier, Muffelwidder und Ricke in meinem Jägerleben einmalig.

Bis ich nach Böhmen und Mähren kam, war ich in erster Linie Waldjäger. Die Niederwildjagd kannte ich bis dahin wohl von unseren landläufigen Hühner-, Enten- und Hasenjagden her, aber bei weitem nicht solche mit einem Aufwand an Personal, Munition und Massenstrecken wie dort. Anfänglich tat ich mich hinsichtlich meiner Treffergebnisse mit der Flinte sehr schwer, aber dann doch ziemlich bald brachte ich es bei ständiger Übung dahin, daß mir kaum mehr ein Fehlschuß unterlief. Vor allem, wenn die Fasanenhähne einer nach dem anderen in der Luft kippten, machte mir das Schießen Freude. Es waren die böhmischen Jagdfasanen, die schnell und wendig sind. Die schnellste Fasanenart ist allerdings der Königsfasan. Diese waren in nur wenigen Revieren und nur wegen der Schwierigkeit des Schusses ausgesetzt worden, denn ihr Wildbret ist angeblich ziemlich ungenießbar. Ich habe einmal in einem Revier mit Königsfasanen gejagt und einen Hahn erlegt, den ich mir präparieren ließ. Er maß von der Schnabelspitze bis zum Ende des Stoßes, der beim Königsfasan ungewöhnlich lang ist, 2,10 Meter. Weitere Königsfasanen habe ich nicht mehr geschossen, denn Wild nur des Schießsportes wegen zu töten, wenn es weder einen wirtschaftlichen noch hegerischen Zweck hat, widerstrebt mir.

Das beste Niederwildjagdrevier des tschechoslowakischen Staates war das ehemalige habsburgische Land- und Forstgut Groß-

Seelowitz in Südmähren. Vor der deutschen Besetzung war der rumänische König Carol dort häufiger Jagdgast der Republik gewesen. Man erzählte sich von seiner Schießfertigkeit Wunderdinge. Er soll immer drei Schwesterflinten auf dem Stand im Betrieb gehabt und niemals gefehlt haben. Als ich an den dortigen Jagden teilnahm, betrug die Tagesstrecke regelmäßig mehr als tausend Stück Wild bei immer nur acht Schützen. Die Fasanenhähne überwogen bei weitem die erlegten Hasen und Karnickel. Der Wald war in Remisenform angelegt und wurde nur nach jagdlichen Gesichtspunkten bewirtschaftet. Er war von einem wohldurchdachten Jagdschneisennetz durchzogen, an dem sich auch die feststehenden, mit Schilf oder Reisig umkleideten Schützenstände befanden. Auf den zu diesem Besitz gehörenden umfangreichen landwirtschaftlichen Nutzflächen wurde so gut wie nichts anderes als Wildfutter angebaut, vor allem Mais. Frühmorgens vor der Jagd wurde das Wild vom Feld in den Wald getrieben, was dank des hervorragend geschulten Forstpersonals und der wie auf dem Exerzierplatz gehenden Treiber immer klappte. Solch große Jagd stellte an das Personal überhaupt ungeheure Anforderungen.

Groß-Seelowitz war als Repräsentationsjagdrevier vorbehalten. Obwohl an Lebensjahren der jüngste, brachte es meine dienstliche Stellung mit sich, daß ich meist unter den Jagdteilnehmern mit dabei war, wenigstens unter Freiherr von Neurath als Reichsprotektor. Bei seinen Nachfolgern fand ich immer Ausreden, um fernbleiben zu können.

Neurath kam stets mit der Eisenbahn. Zu diesem Zwecke wurden in Prag zwei Salonwagen an den Balkanexpreß gekoppelt, in Brünn dann an den Groß-Seelowitz berührenden Lokalzug angehängt, mit dem man spät abends ankam. Der einzige Aufwand war, daß auf dem Bahnsteig des Prager Wilsonbahnhofes ein roter Läufer vom Fürstenwartezimmer zum Salonwagen lief, der auf dem Bahnhof Groß-Seelowitz dann wieder ausgelegt wurde und zum dort wartenden Wagen, in welchem der Reichsprotektor Platz nahm. Auf diese Weise bin ich auch einmal zu dem Vergnügen gekommen, über einen roten Läufer in einen veritablen Salonwagen zu wandeln. Im Zuge wurden an Stelle des Abendessens belegte Brote gereicht, denn im Schloß in Seelowitz gab es am Abend des

Ankunftstages nichts mehr zu essen. Die meisten der Jagdgäste waren mit dem Zuge mitgekommen und wurden alsbald in die zahlreichen Gästezimmer eingewiesen.

Am anderen Morgen weckten uns die Jagdhörner der im Schloßhof angetretenen Jägerei. Nach dem Frühstück ging es in Kutschwagen zu den Ständen. An diese mußte ich mich zuerst wegen der vielen Menschen neben und hinter mir gewöhnen. Da stand neben dem Schützen der Büchsenspanner mit der zweiten Flinte, daneben der Patronenträger, welcher während des Treibens eine Kladde führte mit Spalten für Fasan, Hase, Kaninchen und sonstiges. Da hinein machte er Striche wie in ein Kluppmanual, wenn der Hahn abkippte, der Hase roulierte. Dahinter standen zwei Jungen, die nach jedem Treiben das erlegte Wild ihres Schützen aufsammeln, auf eine kräftige Stange hängen und zum Streckenplatz bringen mußten, denn nach jedem Treiben wurde Strecke gelegt. Am Abend wäre dieses zu viel und zu lange gewesen bei über 1000 Stück Wild. Schließlich stand am Ende der zahlreichen Menschen um den Schützen noch ein tschechischer Gendarm, damit nichts passieren sollte. Diese Gendarmerieposten ließ sich der örtliche Forstamtsleiter, zugleich Jagdleiter, nun einmal nicht ausreden.

Als zunächst ungeübter Flintenschütze fühlte ich mich anfänglich nicht recht wohl, besonders vor diesen kritischen Zuschauern und angesichts der Treffsicherheit der anderen Jagdteilnehmer. Außerdem war ich mir dessen bewußt, daß von einem schlechten Schützen unverhältnismäßig viel angekratzt wird. Bei den dichten Buketts der Fasanenhähne besteht bei derartigen Jagden sowieso schon die Gefahr, daß Randschrote unkontrollierbar Wild treffen, da ist schlechtes Schießen geradezu Aasjägerei. Aber auch nachdem ich sicher schoß, habe ich mir meine besonderen Gedanken über derartige Massenjagden gemacht. Es war wohl sehr interessant, so etwas einmal kennenzulernen, aber wirkliches echtes Waidwerk, Jagd, wie ich sie liebe, ist es nicht. Da gefallen mir kleinere Treibjagden ohne diesen riesigen Aufwand, bei denen einzeln vorkommendes Wild einzeln sauber zur Strecke gebracht werden kann, erheblich besser. Sie sind waidgerechter.

Ganz ungefährlich sind derart große Jagden für die Schützen

auch nicht. In der Hitze des Gefechts muß einmal mein Büchsenspanner beim Zuklappen der Flinte an den Abzug gekommen sein, denn auf einmal sauste ein Schuß haarscharf an meinem rechten Ohr vorbei, wobei ich den starken Luftzug erheblich spürte und das Ohr einige Zeit taub blieb. Im übrigen hatte man am Abend eine blaue Schulter und lädierte rechte Kinnlade. Daß den Treibern bei einer solchen Jagd einmal etwas passiert wäre, habe ich allerdings nie erlebt. Es war aber auch strikt untersagt, ins Treiben und auf tiefstreichende Hähne über das Treiben weg zu schießen.

Im allgemeinen wurden je zwei Treiben am Vor- und am Nachmittag durchgeführt. Die Mittagspause fand in einem großen Zelt mit einem Eintopfessen statt. Die vorschriftsmäßig gelegte Strecke des letzten Treibens vertrat die Gesamtstrecke des Tages, welche aber dem Reichsprotektor vom Jagdleiter gemeldet wurde. Wenn sie verblasen war, fuhren die Jagdteilnehmer ins Schloß zurück. Abends fanden sie sich zum Jagdessen im Speisesaal wieder zusammen. Unter Herrn von Neurath war auch der tschechische Forstmeister als Jagdleiter immer Gast bei diesen Essen. Damen waren nicht zugegen.

Die großen Seelowitzer Jagden dauerten immer zwei Tage, nur daß am zweiten Tag nach dem Verblasen der Strecke die Wagen mit den Jagdteilnehmern nicht zum Schloß, sondern direkt zum Bahnhof fuhren. Da die Salonwagen nur an fahrplanmäßige Züge angehängt wurden, traf man erst gegen Mitternacht in Prag ein.

Sehr gern hatte ich die Entenjagden im Wittingauer Teichgebiet in Südböhmen, denn diese wurden ohne Pomp und ohne Gäste nur im engen Kreise mit den zuständigen Forstbeamten abgehalten. Man fuhr auf Kähnen an die Schilfgürtel heran. Ich war häufig im Nachbarkahn neben dem Reichsprotektor, wobei einmal zwischen uns drei junge dort erbrütete Graugänse aufstiegen, von denen er zwei und ich die dritte herunterholte. Sie hat übrigens vorzüglich geschmeckt, überhaupt nicht tranig, wie man es den Wildgänsen nachsagt. Im Verlauf einer Wette hatte der dortige Forstamtsleiter mich einmal zu einem »Wildentenbraten« eingeladen, bei dem ich glänzend verlor, denn ich hatte behauptet, Bleßhühner seien ungenießbar. Aber der wohlschmeckende Braten war ein solches.

Auf der Strecke lagen nach den Wittingauer Jagden gewöhnlich 50 bis 60 Stück Stock-, Krick- und Knäkenten, einige Wildgänse und an die 20 Bleßhühner. Das Teichgebiet umfaßte rund 1100 Hektar – künstlich angelegte und ablaßbare – Wasserfläche insgesamt. Die größte Einzelfläche von annähernd 700 Hektar Größe war der »Rosenberger See«. Die Teiche wurden sehr intensiv in Eigenregie der tschechischen Staatsforstverwaltung fischereilich bewirtschaftet. Der »Wittingauer Karpfen« war weit über die altösterreichischen Lande hinaus bekannt. Daneben gab es Zander, Hechte, Schleien, Aale und auch hin und wieder einen kapitalen Wels.

Im Herbst 1943 wurde ich für den Wehrdienst freigestellt und diente bei einem Landesschützenbataillon, welches im Raume Banska Bistriza in der Slowakei im Partisanengebiet operierte. Jagdlich gab es dabei nur selten etwas zu erleben. Aber die Verbundenheit mit der Natur durch ständiges Jagderlebnis von Kindesbeinen an hatte meinen Orientierungssinn, vornehmlich im Walde, so geschärft, daß die charakteristischen Eindrücke einer Landschaft in meinem Gedächtnis haften bleiben. Diesem Umstand ist es zu danken, daß nicht nur ich persönlich, sondern auch etwas mehr als hundert brave Männer, der Rest dieses Landesschützenbataillons aus dem Inferno des Krieges lebend davonkamen. Wir waren eines Abends im Beskidenwald rundherum eingekesselt, als ich in stockdunkler Nacht die Einheit im Gänsemarsch, Vordermann angefaßt, im Bett der strömenden Bila, des »weißen Flusses«, in ein Waldgebiet führen konnte, welches, der katholischen Kirche gehörig, vom Erzbischof von Olmütz verwaltet wurde und in dem ich im Januar 1943 an einer Rotwilddrückjagd teilgenommen und zwei Stück erlegt hatte. Als wir dorthin kamen, graute der Morgen. Ich fand gleich das versteckt gelegene Jagdhaus, in welchem wir damals gefrühstückt hatten. Obwohl ziemlich demoliert, bot es uns doch jetzt für eine kurze Ruhepause ein Dach über dem Kopf. Im Ohre hatten wir noch das heisere »Urrä« der Russen, die gerade mit dem Sturm auf unseren Kessel angesetzt hatten, als wir im Schutze der Dunkelheit in das Bett der Bila einstiegen und damit in letzter Minute entkamen.

Kapitel 6 Elchjagd in Schweden

Während meiner dienstlichen Tätigkeit im Hessischen Ministerium für Landwirtschaft und Forsten in Wiesbaden hatte ich mehrfach Gelegenheit, ausländischen forstlichen Besuchern unseres Landes draußen im Walde Bewirtschaftungsmethoden oder andere Besichtigungsobjekte zu zeigen. Auch an Reisen von Fachkollegen aus dem Auslande in anderen Bundesländern zum Studium der Baumrassenfragen, der praktischen Anwendung der Erkenntnisse der Forstgenetik und forstlichen Züchtung habe ich wiederholt teilgenommen, denn als Vorsitzender des Kontrollausschusses der von mir mitbegründeten Deutschen Kontrollvereinigung für forstliches Saat- und Pflanzgut kannte ich alle wichtigen Herkunftsgebiete und Saatguterntebestände und die ihnen entsprechenden Rassen der Wirtschaftsholzarten der ganzen Bundesrepublik.

So wurde ich auf solchen Reisen auch mit Vertretern der obersten Forstbehörde Schwedens bekannt und bekam von dort für den Herbst 1962 eine Einladung, welche mit der Bitte verbunden war, mich zu der Frage der Verwendung deutscher Fichtenherkünfte in Südschweden gutachtlich zu äußern. Die Fichte ist die wichtigste Holzart in der schwedischen Forstwirtschaft, jedoch nur in der nördlichen Hälfte des Landes autochthon.

Den klimatischen Bedingungen entsprechend ist die dort bodenständige Fichtenrasse aber sehr langsamwüchsig. Würde man diese in dem klimamäßig sehr viel günstigeren, bisher vorwiegend mit Laubholz bestockten Südschweden anbauen, könnten die dortigen besseren Standortbedingungen gar nicht voll ausgenutzt werden, insbesondere im Hinblick auf größere Holzmassenproduktion in kürzeren Umtriebszeiten. Die nordschwedische Fichte in Südschweden zur Bestandesbegründung zu verwenden, wäre daher unwirtschaftlich. Einzelne in diesem Landesteil bereits vorhandene Fichtenbestände, von denen man nur weiß, daß sie kontinentalen, meist deutschen Ursprungs sind, aber nicht aus welchem engeren Wuchsgebiet, sind den nordschwedischen Fichten wuchs- und damit ertragsmäßig sichtlich überlegen. Viele von ihnen werden aber durch Spät- und Frühfröste im Wuchs stark geschädigt und damit zurückgehalten. So war es für die schwedischen Forstleute sehr wichtig zu erfahren, ob und welche deutschen Fichtenstandortsrassen hinreichend frostresistent, somit für den Anbau geeignet sind.

Die Einladung zu meiner Reise erging vom schwedischen Reichsaufsichtsamt für die Privatforsten im Einvernehmen mit der schwedischen Staatsforstverwaltung, welche, wie beispielsweise in Österreich, der Tschechoslowakei und anderen Ländern, als reine Betriebsverwaltung ohne Hoheitsaufgaben geführt wird. Da dem Reichsaufsichtsamt neben der Aufsicht über den Nichtstaatswald auch die Bearbeitung der forstgesetzlichen Vorschriften obliegt und es sich zu der Zeit mit der Erarbeitung eines Gesetzentwurfes beschäftigte, welcher die gleiche Materie zu regeln hatte wie das deutsche forstliche Saat- und Pflanzgutgesetz, war unsere Reise zu diesem Zeitpunkt besonders aktuell.

Ich nahm die Einladung mit großem Interesse an, denn neben dem anstehenden Baumrassenproblem interessierten mich auch die forstlichen Samenplantagen, mit deren Anlage Schweden als erstes Land begonnen hatte. Es handelt sich dabei darum, fruktifikationsfähige Zweige aus der Krone von alten Waldbäumen auf junge niedrige Unterlagen der gleichen Baumart zu pfropfen. Man will damit allmählich von dem gefährlichen und teuren Abernten wertvoller Saatguterntebestände durch Besteigen der stehenden Stämme abkommen und künftig solches Forstsaatgut einfacher, bequemer und preisgünstiger von derartigem forstlichen »Zwergobst« gewinnen. Auf Grund der Fachliteratur hatte ich zwar in Hessen durch unsere forstliche Versuchsanstalt schon vor meiner Schwedenreise einige Forstsamenplantagen anlegen lassen, wollte aber deren rationelles Funktionieren im Großbetrieb selbst sehen. Deshalb nahm ich auch den Leiter des Hessischen Instituts für Forstpflanzenzüchtung in Hann. Münden, welches Mitte der fünfziger Jahre auf meine Veranlassung begründet worden war, mit auf die Reise. Dieses Institut sollte gegebenenfalls die forstliche Saatgutplantagenwirtschaft für Hessen übernehmen. Außerdem hatte es 1959 einen internationalen Fichtenprovenienzversuch begonnen, den es gemeinsam mit Wissenschaftlern aus Schweden und Frankreich durchführte, so daß auch in dieser Hinsicht die Teilnahme des Leiters unseres Institutes für Forstpflanzenzüchtung zweckmäßig erschien. Während unserer Fahrt durch Schweden wurden wir begleitet von dem Forstattaché an der deutschen Botschaft in Stockholm.

Die Führung dieser von den schwedischen Dienststellen mustergültig vorbereiteten und bis in alle Einzelheiten planmäßig verlaufenen Reise hatte – soweit sie den forstlichen Teil betraf – ein Abteilungsleiter der obersten Forstbehörde in Stockholm. Daneben beteiligten sich ein Professor der dortigen Forstlichen Hochschule, der Leiter des schwedischen forstlichen Versuchswesens, der Waldbaureferent der Staatsforstverwaltung sowie zwei jüngere Forstwissenschaftler. Als Abschluß nach dem forstlichen Teil war eine Elchjagd vorgesehen.

Zur Zeit unserer Fahrt dorthin war die allgemeine, nur wenige Tage dauernde Schußzeit auf Elche zwar bereits vorüber. Jedoch in den großen Eigenjagden von Staat und Privaten sind die Abschußpläne in kurzer Zeit nicht zu erfüllen. Die Schußzeit wird daher für solche Reviere verlängert, so auch in unserem Falle, weil noch sieben Stück Elchwild zum Abschuß frei waren. Es durfte mit Ausnahme führender Tiere alles geschossen werden, und zwar außer Elch noch Reh und Fuchs. Bezüglich der für die Elchjagd zugelassenen Waffen besteht das Verbot des Schusses aus nichtgezogenen Läufen, der Verwendung von Vollmantelgeschossen sowie von Munition mit weniger als 200 m/kg Geschoßwucht auf 100 Meter Entfernung und Geschossen bis 10 g Gewicht. Der Mitnahme meiner Repetierbüchse 8×57 JS mit 12,7 g schwerem, 26 mm langem Teilmantelgeschoß und 3,25 g R-5-Pulverladung stand demnach nichts im Wege. Dank der vorher aus Schweden übersandten Einfuhrerlaubnis verursachte die Ein- und Ausfuhr von Büchse und Munition an der Grenze keinerlei Schwierigkeiten.

Nachdem die forstliche Bereisung nach drei Tagen beendet war, sollte der vierte und letzte der Jagd gewidmet werden. Mit Rücksicht auf meinen Terminkalender bewilligte ich mir nur einen einzigen Jagdtag. Daß die Erfolgsaussichten dabei etwa den Gewinnchancen in der Klassenlotterie entsprachen, war mir klar, denn die auf die Weite des Landes und die Größe der Waldfläche bezogene Wilddichte war sehr gering. So mußten die Hoffnungen von vornherein auf ein Mindestmaß reduziert werden, um gegen Enttäuschungen gewappnet zu sein. Aber allein schon die Möglichkeit, auf den Elch waidwerken zu dürfen, bot einen gewaltigen Reiz.

Wie die ganze Reise, so war auch die Jagd hervorragend organisiert und verlief bis in alle Einzelheiten programmgemäß. Sie fand in einem südschwedischen Staatsforstrevier statt und stand unter Leitung des Jagdreferenten der Generaldirektion der Staatsforsten in Stockholm. Nachdem sich die aus zehn Teilnehmern – außer dem örtlichen Forstpersonal – bestehende Jagdgesellschaft am Vorabend des Jagdtages in einem kleinen Städtchen versammelt hatte, erhielt jeder einen genauen Plan, auf welchem die einzelnen Treiben beschrieben, das freigegebene Wild und Verhaltungsmaßregeln aufgeführt waren, dazu ein Kartenblatt 1:10 000 mit Einzeichnung der Treiben, deren Verlauf, der Stände und der Folge der Schützen, der Standplätze der Kraftwagen zur Fahrt von einem Treiben zum anderen sowie des Frühstücksplatzes. In Anbetracht der großen Entfernungen und weil die Schützen nur an den Hauptwechseln ganz allein im Gelände abgestellt wurden, war diese Karte sehr zweckmäßig und angenehm. Mit Rücksicht auf die deutschen Jagdgäste waren Pläne und Karten in deutscher Sprache abgefaßt, alle Anordnungen wurden deutsch gegeben, die Unterhaltungen zwischen den Schweden auch bei den geselligen Veranstaltungen, wie Jagdfrühstück und Jagdessen, deutsch geführt, eine liebenswürdige Geste, die wir entsprechend zu würdigen wußten wie die große schwedische Gastlichkeit überhaupt.

In Schweden bestehen ganz andere Entfernungsbegriffe als in unserem dichtbesiedelten Bundesdeutschland. Das oben erwähnte, als Standquartier der Jagdgesellschaft ausersehene Städtchen lag laut Einladungsschreiben in »unmittelbarer Nähe« des Jagdreviers. Dabei ging die Anfahrt in der Frühe des Jagdtages über rund 50 km, zuerst auf öffentlichen Straßen, dann auf gut ausgebauten Forstwegen. Als Treiber fungierten sechs örtliche Forstbeamte, welche zwei Hunde, einen Teckel und einen Elchhund, mitführten. Die Treiber gingen nur die Hauptwechsel aus, wobei der Teckel frei, der Elchhund am Riemen arbeitete. Die Schützen standen auf vorbereiteten Ständen. Die Treiben waren sehr groß und dauerten jeweils zwei bis drei Stunden. Vor dem Frühstück fanden zwei, danach ebenfalls zwei Treiben statt.

Bereits um sieben Uhr früh war Aufbruch zur Jagd. Pünktlich um acht Uhr standen die Schützen auf ihren Plätzen. Ein Hornsignal kündete den Beginn des ersten Treibens. Danach lange, lange völlige Stille, nicht einmal das Zwitschern eines Vogels. Langsam stieg die Sonne strahlend höher und zauberte an dem glasklaren Spätherbsttag eine wunderbare Farbensymphonie hervor in buntem Wechsel vom strahlenden Gelb der Aspen und Birken über das leuchtende Rot der Kiefernstämme bis zum dunklen Grün der Fichten. Dazwischen graue Granitblöcke, moosbedeckt, wie von Riesenhand ausgestreut. Bei aller Naturschönheit kamen beim Anblick der wunderbar wüchsigen und geradschaftigen schwedischen Aspen aber auch die forstlichen Überlegungen. Man müßte diese hochwertige Herkunft einer Baumart, die früher häufig im deutschen Wald vertreten war und bei den Durchforstungen immer der Axt zum Opfer fiel, bei uns anbauen. Für die deutsche Papier- und Zündholzindustrie wäre das bestimmt von Interesse. Plötzlich in weiter Ferne der Laut eines Hundes. Er ertönte näher, die Hand umfaßte die Büchse fester; doch dann schwand er wieder, verklang. Eine weitere Stunde Stille, das erste Treiben wurde abgeblasen. Im zweiten Treiben wieder Ruhe, nur einmal durch einen Schuß unterbrochen. Als das Jagdhorn zum Frühstück rief, lag ein Elch auf der Strecke, ein geringer Hirsch mit nur einer Stange, einem kurzen, keulenförmigen Spieß. Ein Herr aus Stockholm hatte ihn erlegt. Nach dem Frühstück wiederum ein stilles Treiben. An dessen Ende berichteten die Treiber, ein Tier mit Kalb sei ausgewechselt dort, wo kein Schütze stand. Schließlich das letzte Treiben. Ich stand an einer langen, schmalen, sumpfigen Wiese. Die Sonne warf schon längere Schatten am jenseitigen Waldrand. Auf einmal oben in der Luft ein metallisch klingender, singender Ton, zwei Schwäne zogen hoch über mich hin, ein herrliches Bild, die großen, weißen Vögel gegen das klare Blau des Himmels. Sie kamen wohl von einem der vielen Seen, die über das ganze Land verstreut sind. Danach wieder Stille, nur ein Schwarzspecht hämmerte an den Kiefern. Dann das Jagdhorn, und ein Jagdtag war zu Ende, zwar ohne Wild in Anblick oder gar zu Schuß bekommen zu haben, aber ein Tag als einmalige bleibende Erinnerung an die unvergleichliche Stimmung der weiten, herben, nordischen Landschaft.

Während der Heimfahrt und im Quartier angekommen, stieg dann doch ein leises Bedauern hoch, daß ich überhaupt kein Stück Elchwild auch nur gesehen hatte. Aber das half ja nun nichts. Am anderen Morgen sollte die Heimfahrt angetreten werden, wie ich mir vorgenommen hatte. Jagdglas, Zielfernrohr, Munition wurden schon mal verpackt. Fast fertig war ich zum Jagdessen umgezogen, da klopfte der Institutsleiter aus Münden an die Tür meines Hotelzimmers und fragte im Auftrage des Jagdleiters, ob wir uns nicht doch noch entschließen könnten, morgen ein paar Stunden zuzugeben und erst gegen Mittag abzufahren. Es sollte ein anderer Revierteil durchgedrückt werden, in dem man Elche vermutete, nachdem sie heute in dem getriebenen Teil nicht zu Hause waren. Kurzes Beratschlagen. Wenn wir dem Wagen ordentlich Gas geben würden, kämen wir abends zwar etwas spät nach Malmö, aber trotzdem am folgenden Morgen noch zum ersten Fährschiff nach Kopenhagen. Unser Reiseplan brauchte in seinem ferneren Verlauf deshalb keine Verzögerung zu erleiden, es sei denn, daß unvorhersehbare Zwischenfälle eintraten. Kurz entschlossen sagte ich zu, das beabsichtigte zusätzliche Treiben noch mitzumachen. Allerdings wollte ich Glas und Zielfernrohr nicht mehr auspacken. Ich dachte, nach den Erfahrungen des heutigen Tages würde es genügen, wenn ich die »nackte« Büchse mit fünf Patronen mitnehme. Ich traute dieser improvisierten Verlängerung der Jagd denn doch nicht mehr allzu viel zu.

Am Abend gab es ein Jagdessen mit einer Fülle schwedischer Leckerbissen, die den Durst mächtig anregten. Die Stimmung stieg gewaltig, die Schweden sangen zum Schluß deutsche Studentenlieder, die Erinnerungen wachriefen an Jugend, Alma mater, Schlägerschwirren, Gläserklingen. Da es sehr spät geworden war, erforderte das Aufstehen am nächsten Morgen, wieder zu einer wahren Bäckerjungenzeit, erhebliche Energie. Ich hatte einen schrecklichen Brand und erwartete sehnlichst den Kaffee, der merkwürdigerweise erst am Ende des sonst vorzüglichen Frühstücks gereicht wurde. Vorher gab es nur Milch, und diese zu trinken ist mir nach wie vor ein Greuel. Aber schließlich war es so weit, daß die Wagen wieder etwa 50 km weit dem Jagdrevier zurollten. Es war nur ein einziges großes Treiben vorgesehen, welches den ganzen Vormittag dauern sollte. Ich wurde auf einem ca. 80 Meter breiten Hochspannungsaufhieb abgestellt, der sich kilometerlang schnurgerade wie nach dem Lineal durch den Wald hinzog, über einige mit Granitblöcken übersäte Geländewellen hinweg. Auf einer solchen war mein Stand zwischen den Steinblöcken hergerichtet. Mit Fichtenreisern bedeckt bot er einen bequemen Sitzplatz. Da wartete ich nun. Meinen Hut mußte ich abnehmen, um den Whiskyrauch des Vorabends abziehen zu lassen. Vor mir das Treiben, ein Bestand alter Eichen mit dichtem Unterholz, mit zwischenständigen Birken, Aspen und Erlen. Man konnte höchstens 20 Meter weit undeutlich hineinsehen. Totenstille, die Zeit verrann. Nach einer langen Weile Hundelaut, zwei Schüsse. Und wieder Stille, stundenlang. Dann ein Schuß, gar nicht weit, das mußte der Nachbar gewesen sein. Bald darauf sah ich mindestens auf einen halben Kilometer Entfernung ein Stück Elchwild im Troll den Leitungsaufhieb überqueren. Nun hatte ich wenigstens Anblick gehabt, ich bedauerte jetzt nur, daß ich das Hensoldtglas im Koffer verpackt gelassen hatte, hätte mir das Stück gerne näher angesehen. Inzwischen waren seit dem Anblasen des Treibens fast drei Stunden verstrichen, nicht mehr lange und es würde wohl Schluß sein. Da, ich traute beim Blick auf den Bestand vor mir kaum meinen Augen. Wie ein Schemen stand im Unterholz ein riesiges schwarzes Tier mit weißen Läufen. Auf dem mächtigen Haupt glaubte ich eine Schaufel zu erkennen. Eine handbreite Lücke zwischen zwei Birkenstämmen gab einen Teil des Blattes deutlicher frei, und schon stand das Korn meiner Büchse auf dieser Stelle. Auf den Schuß knickte der Elch links vorne ein, machte eine Wendung und verschwand, wobei er nochmals nach links einknickte, so plötzlich und lautlos wie er gekommen war.

Endlos erschien die nun folgende Zeitspanne, obwohl es nur Minuten waren. Da plötzlich der Ruf eines Treibers: »Elk, Elk, tot, tot« und zugleich aus weiter Ferne das Abblasen des Treibens. Ich eilte auf den Anschuß, Schweiß, eine deutlich sichtbare Schweißfährte, und nach weniger als hundert Metern stand ich vor dem gewaltigen urweltlichen Recken, dem ich den Fangschuß gab, da er noch nicht verendet war. Er hatte den Schuß hinter dem Blatt; beim Aufbrechen zeigte sich, daß die Lunge zerschossen war. Es war tatsächlich ein Schaufler, obwohl unsere schwedischen Gastgeber vorher gesagt hatten, daß dort, wo wir jagten, nur Stangenelche vorkommen, Schaufler nur in nördlichen Gegenden Schwedens. Mein Schaufler wurde auf acht bis zehn Jahre geschätzt, nach dem Abschlagen des Geweihes wog er aufgebrochen über 8 Zentner. Außerdem war noch ein Kalb von einem schwedischen Herrn gestreckt worden. Das war der einzelne Schuß, bevor ich das Tier über den Leitungsaufhieb hatte trollen sehen. Das Kalb hatte zu ihm gehört.

Es überkam mich ein eigenartiges Gefühl, als solch riesenhaftes Stück Wild vor mir lag, welches ich mit eigener Hand gefällt hatte. Ein leises Bedauern, die Natur um eines ihrer imposantesten Glieder ärmer gemacht zu haben, so wie ich es in dieser Weise bei den vielen und starken Rothirschen, die ich in meinem Leben erlegen durfte, niemals empfunden hatte. Es war wohl die noch urwüchsige Umgebung, der nicht so zivilisierte Wald wie zu Hause, daß solche Gedanken Platz griffen. Die echte, unverfälschte Freude meiner Gastgeber an diesem Waidmannsheil ließ aber die eigene Freude daran auch allmählich hochkommen, und als uns unser Wagen mit dem Geweih im Kofferraum in schneller Fahrt nach Süden der großen Hafenstadt Malmö zutrug, wurde die Freude immer größer über das hohe Waidmannsheil, welches mir sozusagen in letzter Minute zuteil geworden war. Das in der Diele meines Hauses hängende Geweih erinnert mich immer von neuem an dieses unvergeßliche Jagderlebnis.

Kapitel 7 Die vierläufigen Gefährten

Blick ich in die tiefste Ferne
meiner Kinderzeit hinab,
steigt mit Vater und mit Mutter
auch ein Hund aus seinem Grab

Mit dieser Strophe begann ein Gedicht im Lesebuch für die Unterstufe der höheren Schulen im Großherzogtum Hessen. Sie ist mit mir durchs Leben gegangen. Der Name des Dichters ist mir entfallen, der des ersten Hundes meiner Kinderzeit jedoch dauernd haften geblieben. Es war ein Gordonsetter, »Lump«, in meinem Geburtshause im Baltikum. Keinen Schritt wich er von der Seite des kleinen Jungen. Gefürchtet ob seiner Schärfe gegen jeden andern, konnte ich mit ihm machen, was ich wollte. Es kostete bittere Tränen, daß er zurückbleiben mußte, als mein Vater mit der Familie ins Deutsche Reich zurückkehrte. Ich war damals fünf Jahre alt. Seitdem habe ich eine besondere Vorliebe für langhaarige Vorstehhunde.

Deshalb war die Freude groß, als im Jahre 1913 ein Deutsch-Langhaarwelpe seinen Einzug ins elterliche Haus hielt. Der Hund war aber noch nicht ein Jahr alt, als 1914 der erste Weltkrieg ausbrach. Es war nun niemand mehr da, der Zeit hatte, einen jungen Hund richtig zu erziehen und abzuführen. Obwohl erst vierzehn Jahre alt, hatte ich mir doch bereits soviel jagdliches Wissen angeeignet, daß ich kurz entschlossen die Dressur des jungen Langhaarrüden übernahm. Dieses wurde begünstigt durch die infolge des Lehrermangels und der Kohlenknappheit häufig beträchtlich verlängerten Schulferien. Ich habe es wenigstens dahin gebracht, daß aus diesem Hunde ein guter Verlorenbringer in Wald, Feld und ganz besonders auch im Wasser wurde. Er war mein zuverlässiger Begleiter auf dem 5 km langen Schulwege, soweit er durch den Wald führte, vor allem im Winter, wenn es morgens noch dunkel war. Es trieben sich damals zeitweilig entsprungene Kriegsgefangene herum. Einmal stellte sich ein hinter einem Chausseebaum hervorspringender Russe mir in den Weg und krächzte etwas in seiner rauhen Sprache, war aber in Sekundenschnelle wieder fort, als der Hund ihn annahm. Hatte ich den Wald hinter mir, schickte ich ihn nach Hause, wohin er dann auch immer gehorsam ging. Leider mußte er an einen alten Revierförster abgegeben werden, als ich im Frühjahr 1918 zuerst zur Universität ging und einige Wochen später als Fahnenjunker in ein Jäger-Bataillon eintrat. Es war niemand mehr da, der sich mit dem temperamentvollen Hunde befassen konnte. Er hat die Trennung nicht lange überlebt.

Außerdem hatten wir in meiner Kindheit und Jugend zu Hause immer ein bis zwei Teckel. Das waren nicht die heute so verbreiteten langhaarigen roten Salondackel, sondern schwarze kurzhaarige, wetterharte Krummbeine, die sich beim Dachs- und Fuchsgraben bewährten. Eine langjährige Hausgenossin von uns war die kleine Teckelhündin »Grille«, die geschossene Schnepfen sicher fand und mir auch einmal eine geflügelte fing.

Als ich im Jahre 1925 von Stettin aus meinen ersten Besuch bei meinem Freunde Claus K. auf dessen mecklenburgischen Gut machte, begrüßte er mich an der Haustür begleitet von einem ganz komischen, schwarzen, struppigen Hund, den man der Größe nach für einen strammen Teckel hätte halten können, wenn er nicht aufrecht stehende, spitze Ohren gehabt hätte. Es war ein Schottenterrier, eine Hündin. Und was mir besonders seltsam erschien, das Hündchen war jagdlich passioniert, scharf auf Raubzeug und auch recht gut auf Schweiß. Mein Freund wollte mit dieser Hündin eine Schottenzucht begründen. Nachdem sie das erste Mal gedeckt worden war, warf sie aber nur einen einzigen Welpen, den kleinen Rüden »Mampe«, so auf meinen Vorschlag nach dem bekannten pommerschen Likör benannt. Ein passender Zwingername fiel uns jedoch zunächst nicht ein. Da schoß Claus eine Sau krank. Außer dem erst halbjährigen Mampe und seiner Mutter war damals kein anderer Hund für die Nachsuche greifbar. Also wurde es mit den Schotten versucht, und Mampe fand die Sau nach langer und schwieriger Arbeit. Damit war nun auch der Name für den Schottenterrierzwinger gefunden, er hieß »vom Wildschwein«. Aus diesem Zwinger ist eine ganze Anzahl jagdlich brauchbarer Schottenterrier hervorgegangen. Die Mutter von Mampe erbrachte in den folgenden Jahren noch eine ganze Reihe guter Würfe. Der Zwinger »vom Wildschwein« erlosch mit dem Untergang Pommerns als deutsches Land.

Es war eine Freude, mit diesen kleinen, schneidigen und dabei possierlichen Hunden zu jagen. Sehr geeignet waren sie auch für die mecklenburgischen und vorpommerschen Damwilddrückjagden. Jeder, der Damwild kennt, weiß, daß dieses sehr schwer so aus den Dickungen herauszudrücken ist, daß es schußrecht kommt. Wenn die Schottenmeute aber los war, kam das Damwild. Mochte es auch lange dauern, die Schotten stöberten in den Dickungen herum, bis sie leer waren. Ebenso bei Saujagden, nur müssen die Schützen zuverlässig sein, damit ein Schottenterrier, von denen es häufig saufarben gestromte gibt, nicht mit einem Frischling verwechselt wird.

Als Hochzeitsgeschenk meines Schwagers bekam ich im Januar 1933 die gestromte Schottenterrierhündin »Extra aus der Sektkiste«. Diese Hunderasse war bis dahin im Odenwald unbekannt. Wenige Wochen nachdem ich diese Hündin bekommen hatte und sie eines Tages vor dem Rosenbeet gegenüber der Einfahrt zu meinem Dienstgehöft saß, kam der alte Glasermeister des Städtchens, bekannt als Original, zum Tor herein. Vor dem Hündchen blieb er stehen und sprach es an: »Ei, was bist dann du, biste e Katz oder en Hund?« Antwort Gebell. Darauf: »Ei, du bist ja en Hund, ei en Dackel mit Stehohrn!« Ich hatte das Vergnügen, unbemerkt Zeuge dieses Dialogs zu sein, und viel Spaß dabei. Im Herbst des gleichen Jahres wurde ich zur Treibjagd in einer Gemeinde meines Forstamtes eingeladen. Der Jagdpächter war ein mir bekannter alter Sanitätsrat in Darmstadt. Meine Frau kam wie immer mit, die Schottenhündin am Riemen. Ich amüsierte mich über die zahlreichen mißtrauischen oder spöttischen Blicke der Jagdteilnehmer, daß der neue Forstmeister da so einen komischen Salonhund mit hätte. Gleich im ersten Treiben, wir standen auf einer ziemlich schmalen Schneise zwischen zwei Fichtendickungen und es durfte nur nach links geschossen werden, flitzte ein Hase vorüber. Ich schoß, der Hase war verschwunden. Meine Frau meinte, er sei bestimmt gefehlt. Ich aber hatte das Gefühl, ich hätte ihn getroffen. Nach Beendigung des Treibens auf den Anschuß am gegenüberliegenden Dickungsrande gesetzt, verwies die Hündin ein winziges Flöckchen Wolle und zog in die Dickung hinein. Nach einigen Schritten standen wir vor dem verendeten Hasen. Meine Standnachbarn konnten sich nicht genug wundern, als ich mit dem Hasen ankam. Daß so ein Hund jagdlich brauchbar wäre, hätte die ganze Jagdgesellschaft nicht gedacht. Diese Schottenhündin wurde dann meine häufige Begleiterin bei Reviergängen. Mit ihrem schwarzen Näschen zeigte sie mir jede Wildfährte oder Spur, sie machte auch mehrere erfolgreiche Nachsuchen. Klein- und Federwild apportierte sie. Auf Raubzeug war sie erfreulich scharf. Nachdem sie die Flucht meiner Familie aus Prag im Jahre 1945 mitgemacht hatte, auf der sie verlorenging, und ich sie nach Rückkehr aus russischer Gefangenschaft viele Monate später nach abenteuerlicher Suche in der Oberpfalz wiederbekam, starb sie über dreizehnjährig an einem Gesäugekarzinom.

Bei aller Freude mit der Schottenterrierhündin genügte sie mir in meinem damaligen Hochwildrevier aber doch nicht. Ich schaffte mir deshalb 1935 den Deutsch-Langhaarwelpenrüden »Mars-Wurzen« an, aus einem der besten damaligen Langhaarzwinger im Besitz von Herrn Arthur Bechtold in Wurzen. Er war Braunschimmel, glich äußerlich seinem Vater, dem berühmten, auf der Internationalen Jagdausstellung 1937 in Berlin als Prototyp seiner Rasse vorgeführten »Kuno vom Mönchsgrund-Harz«, dem er in Wesen und Leistung ebenfalls sehr ähnelte, nur daß er womöglich noch schärfer war als dieser. Das bewies er schon, als ich den acht Wochen alten Welpen aus der Transportkiste nahm und er mich anknurrte. Seine Mannschärfe war so, daß man immer aufpassen mußte. Als in der Nazizeit angeordnet wurde, auch uniformierte Beamte hätten mit erhobener Hand anstatt durch Handanlegen an die Kopfbedeckung zu grüßen, und einer meiner Beamten, den der Hund genau kannte, mich in der neuen Form grüßte, saß er ihm an der Krawatte, weil er annahm, der Revierförster wollte mich schlagen. Anfassen ließ er sich von keinem Fremden. So ablehnend wie er gegen diese war, so anhänglich war er an meine Familienangehörigen und geradezu aufopfernd treu zu mir. Heute noch gedenke ich mit Wehmut dieses Hundes, den meine Frau 1945 bei ihrer Flucht zurücklassen mußte und der, wie ich später durch einen Brief von dort erfuhr, sich, um mein Eigentum zu beschützen, den eindringenden Plünderern entgegengestellt hatte und dabei erschlagen wurde.

Mars war ein absolut sicherer Raubwild- und Raubzeugwürger. Mit sieben Monaten kam er an einen krankgeschossenen starken Fuchs. Trotzdem dieser ihm einen tiefen, zeitlebens sichtbaren Schmiß über die Nase beibrachte, griff er rücksichtslos zu und brachte ihn mir abgewürgt. Seitdem war er rasend scharf auf Füchse. Niemals ließ er einen, war er auch nur leicht angeschweißt, entkommen. Krankes Rehwild und sogar Rotwild zog er ohne Umstände auch nach langer Hetze an der Drossel nieder.

Erstmalig erlebten wir das, als der Hund kaum einjährig war. Bei einer Drückjagd wurde ein an den abgestellten Schützen innerhalb des Treibens entlang flüchtendes Alttier mehrmals beschossen und war sichtlich krank. Als es bei mir vorbeikam, erschien mir ein Fangschuß mit Rücksicht auf die näherrückenden Treiber zu gefährlich. Aber das angeschweißte, abgehetzte, verängstigte Stück mußte schnellstens erlöst werden. Ich schnallte deshalb meinen Mars, der wie ein Pfeil von der Sehne auf das Stück zuschoß, ihm im Sprung an die Drossel flog und es angesichts der gesamten Schützenkette zusammenriß, so daß laute Beifallsrufe ertönten. Bei meinem Herantreten ans Stück hatte er es bereits erledigt.

Von seiner Wesensfestigkeit hat mir Mars im Frühjahr 1943 in Böhmen einen besonders beeindruckenden Beweis geliefert. Ich war in einer Aprilnacht zur Auerhahnbalz in die Forstinspektion Pürglitz, westlich Prag gelegen, gefahren, in die Gegend, wo sich die Beraun, ein Nebenfluß der Moldau, zwischen schroffen Felsenklippen durchwindet. In diesen Klippen horsteten noch Uhus. In der Nähe davon befand sich der Balzplatz der Auerhähne. Bei Dunkelheit dort angelangt, wartete ich auf das erste Knappen eines Hahnes. Statt dessen plötzlich ein fürchterlicher Lärm in den Baumkronen! Die Äste rauschten und krachten, Uhurufe erschollen, dazwischen noch nie gehörte Schreie, harte Schwingen schlugen, kurz es war ein Höllenkonzert wie die wilde Jagd. Das dauerte so eine ganze Weile, ebbte ab, schwoll wieder zu voller Stärke an, es war unbeschreiblich.

Mein Chauffeur sowie der tschechische Förster hatten volle Dekkung genommen, der Hund an meiner Seite aber knurrte nur, wenn der Krach zu toll wurde, und wollte vorwärts drauf zu. Ich hatte Mühe, ihn zu halten, mußte ihn beruhigen. Wenn ich nicht gewußt hätte, daß es das Balzspiel und der Balzgesang einer Uhuhochzeit waren, hätte es mir selbst unheimlich werden können. An diesem Morgen ließ sich kein Auerhahn mehr auf dem Balzplatz hören.

Die Jagdpassion dieses Hundes war einfach nicht zu überbieten. Neben dem Fuchs war Rotwild sein Lieblingswild. Er verwies wohl jede Fährte oder Spur, aber bei den genannten beiden Wildarten war sein erhöhtes Interesse nicht zu verkennen. Das Wild, an dem ein Hund zuerst mit Erfolg gearbeitet hat, bleibt ihm eben am interessantesten. Das habe ich auch bei meiner späteren Gordonsetterhündin beobachtet, deren erste erfolgreiche Nachsuche einem Überläufer gegolten hatte.

Mars-Wurzen war mein erster Gebrauchshund, den ich systematisch nach den alten hannoverschen Jägerhofregeln auf der kalten, gesunden Rotwildfährte eingearbeitet hatte. Er wurde mit zunehmender praktischer Erfahrung ein sicherer Schweißhund und dafür weithin in der Jägerschaft bekannt. Ob er nun, um einige seiner Leistungen herauszugreifen, einen abends angeschweißten Rotspießer am nächsten Vormittag, trotzdem über Nacht eine etwa 20 cm starke Neue auf die Wundfährte gefallen war, über einen Kilometer weit zur Strecke brachte, ob er an einen altkranken uralten Achter, der 24 Stunden vorher im strömenden Regen erneut beschossen wurde, bei einer Suche von etwa drei Kilometer bei immer noch anhaltendem Regen führte oder ob er ein Schmaltier, obwohl ein ganzes Rudel nachts auf dem Anschuß und über der geringen Schweißfährte herumgetreten war, fand, es waren Arbeiten, die auch einem Hannoveraner oder Gebirgsschweißhund zur besonderen Ehre gereicht hätten.

Aber nicht etwa, daß er auf Niederwild nicht gleichermaßen gut gewesen wäre. Abgesehen von den bereits erwähnten Füchsen, die übrigens meist auf den Rotwilddrückjagden als Kugelfüchse zur Strecke kamen, hatte er es nur hin und wieder mit einem Hasen oder einer Schnepfe zu tun, solange wir noch im Odenwald zusammen jagten. Wenige Male war ich auch zur Fasanenjagd in Rheinhessen, wo er dann dieses Wild ebenfalls nur flüchtig kennenlernte. Als ich dann in Böhmen auf einer kleinen Jagd ganz an deren Ende bei aufkommender Dämmerung einen Hahn leicht flügelte und den Hund schnallte, blieb er ungewöhnlich lange Zeit fort. Mich ergriff schon die Sorge, denn nicht nur mir, sondern auch meinem Hunde war die Gegend fremd. Endlich erschien er, naß wie aus dem Wasser gezogen, und lieferte mir den Fasanenhahn ab, der ebenso durchnäßt war.

Auf meine Fragen erfuhr ich dann von den örtlichen Forstbeamten, daß in der Richtung, in welche der geflügelte Hahn gelaufen war, aber einige Kilometer weit weg, sich ein Teich mit einem breiten Schilfgürtel befände. Da drin, sozusagen im Wasser, muß der Hund den Hahn gefangen haben.

Dieser Hund war so verständig, daß er genau wußte, wenn er, statt an die gewöhnliche Hundeleine zu kommen, die Schweißhalsung mit dem aufgedockten Schweißriemen umbekam, ihn jetzt nur noch Hochwild etwas anging. Wenn er dann Fährten verwies, waren es nur solche von Rot- oder Schwarzwild. Rehwild suchte ich den Jägerhofvorschriften entsprechend nicht mit dem Schweißriemen in der Hand, sondern der verlängerten Umhängeleine nach. Damwild lernte er das erstemal in Böhmen im Herbst 1942 auf einer Schweißprüfung kennen. Diese wurde im Bereich der Staatsforstverwaltung veranstaltet von der »Fachschaft Schweißhunde« im NS-Reichsverband für Gebrauchshunde (wie er genau hieß, weiß ich nicht mehr). Es waren ausschließlich Hannoversche und Gebirgsschweißhunde zugelassen. Ich äußerte aber den Wunsch, meinen Mars außer Konkurrenz auf einer der sorgfältig angelegten Fährten zu führen, um ihm nach langer Pause einmal wieder Gelegenheit zu einer Arbeit zu geben. Da die Suchenleitung und technische Organisation in den Händen der mir unterstellten tschechischen Forstbeamten lag, wurde meinem Wunsch stattgegeben. Leiter der eigentlichen Prüfung war der »Fachschaftsführer«, ein bewährter österreichischer Revierförster. Dieser war gar nicht mit meinem Vorhaben einverstanden und konnte sich bei der Eröffnung der Veranstaltung, als ich mit meinem Deutschlanghaar neben den 18 Prüfungsteilnehmern mit ihren Hannoverschen und Gebirgsschweißhunden stand, die Bemerkung nicht verkneifen, ein Vorstehhund könne die schwierigen Fährten der Prüfung natürlich nicht so einwandfrei schaffen wie ein Schweißhund, aber um meinem Wunsche nachzukommen, stünde mir gleich die erste Fährte zur Verfügung.

Ich legte also meinen Hund am markierten Anschuß zur Fährte, nicht ahnend, daß es eine solche des ihm bis dahin völlig unbekannten Damwildes war. Nachdem er mir einige wenige Tropfen Schweiß gezeigt hatte, führte er mich mit absoluter Sicherheit, die vielen Widergänge sauber ausarbeitend, bis zu einem Punkt, an dem er plötzlich die Nase hochnahm. Dann bog er nach rechts ab und zog mich mit immer noch hoher Nase zu einem Stück Rotwild. Das bewindete er kurz, machte kehrt, ging zu dem Punkt der Damwildfährte, an dem er abgebogen war, wieder zurück, nahm wie selbstverständlich diese wieder auf und gelangte an das Damtier.

Allgemeines Staunen. Der Herr »Fachschaftsführer« rang sich die Bemerkung ab, daß solche Leistung eines gewöhnlichen Gebrauchshundes allerdings höchste Anerkennung verdiene, aber doch unter Tausenden von Fällen einmalig sei. Mir aber war klar geworden, daß der saubere Herr das Stück Rotwild absichtlich in den Wind neben die Damwildfährte hatte legen lassen, um den Hund zu irritieren und damit zu beweisen, daß der notgedrungen akzeptierte Vorstehhund eben doch nicht das gleiche auf der Wundfährte leistet wie ein Schweißhund. Meine Freude, daß mein Hund ihn enttäuscht hatte, war zwar groß, doch war ich über diese Perfidie so verärgert, daß ich ihm auf den Kopf zusagte, was ich dachte, bevor ich mich in meinen Wagen setzte und mit meinem Hunde abfuhr. Verständnisvolles Lächeln meiner tschechischen Forstbeamten begleitete mich.

Eine solche Leistung eines Hundes ist aber nur möglich, wenn Herr und Hund so aufeinander eingespielt und in stetem Kontakt miteinander sind, daß jeder den andern genau kennt, daß man sich auf seinen Hund absolut verlassen kann, und daß der Hund schnell begreifen lernt, was sein Herr will. Das Schwierige dabei ist allerdings, daß so ein Hund nur von seinem Herrn richtig geführt werden kann und nur dann Höchstleistungen vollbringt. Mein Mars ließ sich überhaupt von niemand anderem führen als von mir. Ist man bei einer Nachsuche wegen Fehlens von Schweiß oder anderen Zeichen noch so sehr zu Zweifeln geneigt, man soll seinem Hunde vertrauen und ihm folgen. Er hat bestimmt recht. Die Erfolge in meiner Hundeführerpraxis haben das wiederholt bewiesen. Ich habe allerdings meine Hunde auf jede Waldfahrt, jeden Reviergang und jede Jagdart mitgenommen. Sie haben mich auf der Pirsch begleitet und lagen beim Ansitz unter der Kanzel. Selbst in der Hirschbrunft, bei lebhaftestem Brunftbetrieb lagen sie, zwar vor Passion vibrierend, aber ruhig, unter dem Hochsitz, und nie hat mir einer ein Stück Wild vergrämt. Dafür war aber der Hund dann auch gleich zur Hand, wenn er wie z. B. bei einem Vorderlaufschuß sofort gebraucht wurde. Auf Treibjagden kannten sowohl der Deutschlanghaarrüde als auch meine spätere Gordonsetterhündin genau die Signale. Nach dem Anblasen legten sie sich von alleine ab, verharrten regungslos, selbst wenn ihnen Wild sozusagen über die Zehenspitzen lief. Beim Signal »Hahn in Ruh« erhoben sie sich, wedelten mit der Rute und warteten, daß man ging.

1945 schaffte ich mir zunächst wieder eine Schottenterrierhündin an, deren Vorfahren laut Ahnentafel teilweise jagdliche Leistungszeichen erworben hatten. Nachdem sie in ihrer Jugend ziemlich uninteressiert für Wild gewesen war, ist die jagdliche Veranlagung später durchgeschlagen. Bemerkenswert war ihre Schärfe auf Raubzeug und wenn sie angegriffen wurde. In der schlechten Nachkriegszeit hielt ich mir Gänse. Je älter die Ganter, um so böser waren sie, vor allem gegenüber den Hunden. Kam nun ein Gänserich mit vorgestrecktem Hals zischend auf die Schottenhündin zu, so blieb sie ruhig stehen, ließ ihn anlaufen. Sowie er aber zubeißen wollte, sprang sie ihm an den Hals und biß die Kehle durch. So kamen wir manchmal unprogrammgemäß und unerwartet zu Gänsebraten.

Die Hündin brachte einige gute Würfe. Die Welpen waren schon in frühester Jugend von erheblicher Schärfe. Einzelne habe ich behalten und bereits im Alter von ungefähr vier Monaten auf Schweißschleppen geführt, die sie recht gut absolvierten. Sie jagten laut, eine kleine Hündin sogar spurlaut, eine Eigenschaft, welche beispielsweise die Jagdterrierzüchter anstreben und die für den Jagdgebrauch hoch zu bewerten ist.

Auf die Dauer wollte ich aber denn doch wieder einen großen Hund neben den Schottenterriern haben und erwarb deshalb Anfang 1949 eine junge Gordonsetterhündin. Ich kam damit auf die Rasse zurück, die ich als erste in frühester Kindheit in meinem Elternhause kennengelernt hatte. Auch während meiner Assessorenzeit in Stettin habe ich viel mit dem Gordonsetter des Gutsförsters eines Jagdfreundes gejagt, hatte diesen Hund dann auch gekauft, konnte ihn aber in der Großstadt bei seinem Temperament nicht halten und schenkte ihn seinem Vorbesitzer zurück. Ich kannte den Gordonsetter als vielseitigen Jagdgebrauchshund, außerdem aus späterer Zeit, als ich das oberhessische Forstamt Lich verwaltete und mit dem Grafen Solms-Laubach jagte, dem Besitzer des bekannten Gordonsetterzwingers »von Arnsburg«.

Leider war meine Setterhündin etwas schwach geblieben, da ihr Züchter ihr in der schlechten Zeit um die Währungsreform in ihrer ersten Entwicklung nicht das erforderliche Futter hatte bieten können. Sie hatte deshalb stets Schwierigkeiten, einen ausgewachsenen Fuchs über weitere Entfernungen zu bringen. Sie war sehr flüchtig, fing auch jeden kranken Fuchs ebenso wie die wenigen Waldhasen, die sie in ihrem Leben kennenlernte, nur das Tragen verursachte ihr Beschwerden. Sie verfügte auch über Raubzeugschärfe, mannscharf war sie jedoch nicht. Ihre Härte gegenüber wehrhaftem Raubzeug bewies sie, als eine Katze sich meinen Heuboden als Wochenstube auserkoren hatte. Bei den Ausflügen der Jungen in den Garten würgte die Gordonsetterhündin die Kätzchen ab und brachte sie mir. Eines Tages kam die alte Katze dazu, als die Hündin wieder eine junge zum Hause trug. Sie sprang auf deren Rükken, biß und kratzte sie kräftig. Die Hündin ließ sich durch ihre wütende Reiterin aber gar nicht beirren und lieferte mir die tote junge erst einmal ab. Meine auf den Lärm hinzugeeilten Kinder bereiteten dem weiteren Drama dann ein Ende.

Die Hauptstärke auch der Gordonsetterhündin war ebenfalls die Arbeit auf der Schweißfährte. Nachdem sie auf ihrer ersten Nachsuche unter schwierigen Umständen einen Überläuferkeiler und noch bei etlichen anderen einfacheren Nachsuchen das Wild zur Strecke gebracht hatte, leistete sie sich ein Glanzstück. Bei einer Drückjagd wurde ein Rotwildkalb beschossen, das ohne zu zeichnen und ohne zu schweißen in das folgende Treiben, einen großen, dichten Eichenstockschlag, einwechselte. Obwohl am Anschuß nichts zu finden war, hatte ich das Gefühl, das Kalb müßte die Kugel haben, denn ich hatte das ganze vom Nachbarstand aus beobachtet. Nachdem der Eichenstockschlag für das nächste Treiben umstellt war, nahm ich mit der Hündin die Fährte auf, in der aber keinerlei Schweiß zu finden war. Sie führte tief in den Lohschlag hinein. Da wurde das Treiben angeblasen, obwohl ich angeordnet hatte, daß vor meinem Signal das Treiben nicht begonnen werden sollte. Diese Anordnung war aber wohl nicht richtig bis auf die andere Seite des großen Treibens, das erfahrungsgemäß eine Stunde dauerte, durchgedrungen. Die Treiber gingen also an und ließen ihre Teckel los, denn anders waren Rotwild und Sauen dort nicht vor die Schützen zu bringen. Meine Hündin führte immer noch, ohne daß von Schweiß etwas zu finden war, weiter, und ich wußte, zumal in dem Dickicht, überhaupt nicht, ob wir noch auf der kranken Fährte waren. Dauernde Widergänge kreuz und quer in dem Eichenlohschlag ließen überdies jede Übersicht schwinden. Dabei kamen die Treiber näher, ein Reh preschte der Hündin an der Nase vorbei, ein Teckel dahinter, es fielen Schüsse, Hetzlaut der Teckel und meine Hündin, die Nase am Boden, unbeirrt weiter. Ich war schon beinahe in Versuchung, die Hündin abzutragen, die Nachsuche aufzugeben, zumal wir sowieso gleich an den Dickungsrand kamen. Da, auf dem Randweg ein Tropfen dunkler Schweiß! Über dem Weg in der gegenüberliegenden Fichtenkultur mehr, und auf einmal standen wir vor dem zwischen den jungen Fichtenpflanzen liegenden, längst an einem Waidwundschuß verendeten Kalb.

Eines Nachmittags während der Hirschbrunft saß ich mit meiner Frau auf einem Hochsitz. Unter diesem war die Gordonsetterhündin abgelegt. Links in der Dickung meldete ein Hirsch. Plötzlich kamen von rechts drei Sauen direkt auf unseren Hochsitz zu. Ich schoß wegen des Hirsches nicht. Plötzlich fuhren wir herum, denn unmittelbar unter der Kanzel blies eine Sau, die bis auf wenige Meter an die Hündin herangewechselt war, aber dann langsam weiterzog. Die Hündin hatte sich nicht gerührt.

Ein andermal saß ich auf einer Leiter, an deren Fuß lag der Hund. Nicht weit vor uns auf der Kulturfläche ein Alttier mit einem jüngeren Hirsch. Es war am Ende der Brunft. Auf einmal von hinten her laut und vernehmbar anwechselnde Sauen, eine Rotte Überläufer. Ich schielte nach unten, hoffte nur, daß sie nicht direkt über den Hund stolperten. Aber sie kamen wenige Meter daneben vorbei. Als sie auf der Kultur vor mir waren, schoß ich einen Überläufer, an dem die Hündin zur Belohnung noch eine Totsuche machen durfte.

Diese Gordonsetterhündin wurde im Alter von fast vierzehn Jahren, nachdem sie eigentlich nie ernstlich krank gewesen war, plötzlich schwach, schien Schmerzen zu haben. Der Tierarzt meinte Alterserscheinungen, ich hoffte noch auf Besserung. Zur Jagd konnte ich sie vorerst aber nicht mitnehmen. Ihr flehender Blick, wenn man entsprechend angezogen in ihre Nähe kam, war kaum erträglich. Ich stahl mich dann förmlich weg. So auch eines Tages zu einer Damwilddrückjagd im Forstamt Kranichstein. Am Nachmittag etwa um 15 Uhr kamen mir zwei Schaufler, von denen sich einer auf nur drei Läufen fortbewegte, denn der linke Vorderlauf war im Schultergelenk gebrochen und schlenkerte lose herum. Die Verletzung war mindestens ein Jahr alt, denn das Geweih war abnorm, die rechte Schaufel verkümmert. Der Hirsch war schon länger bekannt, sehr heimlich, und die zuständigen Forstbeamten freuten sich, als er durch meinen Schuß endlich fiel. Als ich nach Hause kam, empfing mich meine Frau mit der Nachricht, die Gordonsetterhündin sei am Nachmittag gegen 15 Uhr gestorben. Sie sei plötzlich bei ihr im Zimmer erschienen, munter wie in gesunden Zeiten, und habe sich auf ihren Platz gelegt. Bald darauf habe sie wie im Traum einige Hetzlaute hören lassen, die Läufe bewegt, als liefe sie. Plötzlich war sie tot. Ein seltsamer Zufall die zeitliche Übereinstimmung dieses Ereignisses mit der Erlegung des Schauflers!

Ziehe ich die jagdliche Bilanz meines Lebens, dann muß ich feststellen, daß alles Jagderleben nicht den Platz in meiner Erinnerung einnehmen würde, den es hat, wenn ich nicht den vierläufigen Gefährten an meiner Seite gehabt hätte, wo und wie ich nur irgendwie konnte. Ich habe, seitdem ich die Jagd ausübe – und das immerhin schon seit sehr früher Jugend –, immer mit Hunden gejagt. Ich kann mir auch nicht vorstellen, wie ein Jäger, der die Jagd waidgerecht betreiben will, das ohne Hund könnte, wobei es natürlich nicht unbedingt ein eigener zu sein braucht.

»Bei der Ausübung der Jagd sind die allgemein anerkannten Grundsätze deutscher Waidgerechtigkeit zu beachten.« Dieser im ersten Paragraphen des Bundesjagdgesetzes stehende Satz erscheint so selbstverständlich, daß manche ihn an dieser Stelle für überflüssig erachten könnten. Aber wenn wir ihn eingehend durchdenken und die darin enthaltenen Begriffe analysieren, dann finden wir doch einiges, was man landläufig nicht ohne weiteres für selbstverständlich hält. Vor allem leider auch, daß eine Jagdausübung ohne jagdlich brauchbaren Hund den Geboten der Waidgerechtigkeit nicht entspricht.

Gewiß, unsere modernen Jagdwaffen und optischen Hilfsmittel lassen uns einen Hund heute manchmal nicht unbedingt notwendig erscheinen. Das beschossene Wild verendet häufig am Anschuß oder in Sichtweite, vor allem beim Kugelschuß. Allerdings muß beim Jäger die größtmögliche Treffsicherheit vorausgesetzt werden, denn wer ohne hinreichende Fertigkeit im Waffengebrauch erworben zu haben die Jagd ausübt, handelt ebenfalls den Grundsätzen deutscher Waidgerechtigkeit zuwider. Aber selbst dem sichersten Schützen unterlaufen einmal schlechte Schüsse, bedingt durch verschiedenste persönliche und äußere Einflüsse, welche Nachsuchen erforderlich machen, beim Schrotschuß wie beim Kugelschuß. Dann gibt es, um das Wild von Qualen und Schmerzen so schnell wie möglich zu erlösen, nur ein Mittel, nämlich den brauchbaren Jagdhund.

Demzufolge enthalten auch alle Länderjagdgesetze Vorschriften über Jagdhundehaltung. Anfänglich waren es überall nur »Kann-« oder »Soll«-Bestimmungen. Die ersten Länder, in denen der Gesetzgeber für bestimmte Jagdarten die Verwendung brauchbarer Jagdhunde zur Pflicht gemacht hatte, waren Bayern und Hessen. Es war mir eine ganz besondere Freude, daß ich dieses während meiner Tätigkeit als Landesjagdreferent im hessischen Ministerium für Landwirtschaft und Forsten bei der Ergänzung des Hessischen Ausführungsgesetzes zum Bundesjagdgesetz 1962 erreichen konnte. Dort wird vorgeschrieben, daß bei Ausübung jeder Such-, Drück- und Treibjagd, jeder Jagdart auf Waldschnepfen und Wasserwild sowie bei jeder Nachsuche brauchbare Jagdhunde zu verwenden sind, d. h. der Hund muß bei diesen Jagdarten immer mitgenommen werden. Vorsätzliche Nichtbeachtung dieser Vorschrift stellt eine Ordnungswidrigkeit dar, die mit einer Geldbuße bis zu eintausend Deutsche Mark geahndet werden kann. Dies gilt auch für denjenigen, der als Jagdleiter bei Gesellschaftsjagden nicht für Mitführung brauchbarer Jagdhunde in ausreichender Zahl Sorge trägt. Es ist notwendig, diese Gesetzesvorschrift klar herauszustellen, denn gerade hiergegen wird nicht selten verstoßen. Besonders häufig kommt das beispielsweise beim Frühjahrsschnepfenstrich vor. Dabei kann bei dieser Jagd sogar schon ein Teckel genügen, der die geschossenen Schnepfen aufsucht und greift, nicht selten sogar apportiert. Auf jeden Fall muß jeder, der in Hessen eine der im Gesetz aufgeführten Jagdarten ausübt und selbst keinen brauchbaren Jagdhund mitführt, von einem Hundeführer begleitet werden. Seitens der unteren Jagdbehörde kann dem Jagdausübungsberechtigten die Verpflichtung zur Haltung eines zur Nachsuche brauchbaren Jagdhundes auferlegt werden, sofern er nicht nachweist, daß ihm brauchbare Jagdhunde anderer Hundehalter regelmäßig zur Verfügung stehen. Es genügt also nicht, wenn ein irgendwo im Bundesgebiet wohnender Jagdpächter dort einen Jagdhund hält, sondern in seinem Pachtjagdbezirk in Hessen muß ein solcher ständig für ihn verfügbar sein, indem entweder der zuständige Jagdaufseher einen Hund hält oder ein am Ort bzw. in der nächsten Nachbarschaft wohnender Jagdfreund, Forstbeamter oder ein anderer Jäger ihm seinen Hund jederzeit zur Verfügung stellt. Diese gesetzlichen Bestimmungen gelten natürlich ohne Ausnahme für jeden Jagdausübungsberechtigten, einerlei ob Eigenjagdbesitzer, Jagdpächter und Forstbeamter, auch für den Gastjäger und für jede Art Jagdbezirk, ob Eigen- oder gemeinschaftlicher Jagdbezirk, auch die staatlichen Jagden. Bei diesen ist lediglich die Regelung der Durchführung innerhalb des gesetzlichen Rahmens, wie für die Jagdausübung in den staatseigenen Jagdbezirken allgemein, der zuständigen Landesforstverwaltung überlassen, welche sie auf dem Verwaltungswege trifft.

Die Brauchbarkeit eines Jagdhundes und dessen Anerkennung als solcher ist durch die untere Jagdbehörde vom Nachweis einer Prüfung (Leistungs- oder Jagdeignungsprüfung) abhängig zu machen. Als brauchbar gilt ein Jagdhund, wenn die Landesvereinigung der Jäger, d. h. der Landesjagdverband Hessen, die Brauchbarkeit schriftlich bestätigt hat. Hierzu sind nähere Bestimmungen seitens der Obersten Jagdbehörde erlassen.

Wenn der Gesetzgeber die Haltung und Verwendung brauchbarer Jagdhunde verlangt, muß er ihnen aber auch einen Schutz angedeihen lassen. Das ist in allen Landesjagdgesetzen dadurch geschehen, daß das Tötungsrecht des Jagdschutzberechtigten gegenüber im Jagdbezirk außerhalb der Einwirkung ihres Herrn frei laufenden Hunden bei Jagdhunden ebenso ausgeschlossen ist wie bei Hirten-, Blinden- und Polizeihunden. Allerdings müssen die Hunde hinsichtlich ihrer Verwendungsart kenntlich sein. Sie sind auch nur solange geschützt, als sie vom Berechtigten zu ihrem Dienst verwandt werden oder sich aus Anlaß des Dienstes vorübergehend der Einwirkung ihres Führers entzogen haben.

Blindenhunde sind durch das Rote-Kreuz-Abzeichen kenntlich, Polizeihunde sind beim Dienst im Gelände im allgemeinen mit amtlichem Kennzeichen versehen. Hirtenhunde stehen im Dienst in räumlicher Beziehung zu ihrer Herde oder mindestens zu einem Tier derselben, wenn sie beispielsweise ein zurückgebliebenes oder verirrtes Schaf einholen. Bei Jagdhunden dagegen ist es weder üblich noch mit der jagdlichen Praxis vereinbar, ihnen ein weithin sichtbares, bei Wald-, Erd- und Wasserarbeit auch sehr hinderliches Kennzeichen anzuhängen oder in Form einer Decke aufzulegen. Bekanntlich nimmt man dem Jagdhund sogar häufig die Halsung ab, damit er nicht irgendwie hängen bleibt. Jagdhunde sind also nur an ihrem Äußeren erkennbar. Die Kenntnis der wichtigsten Jagdhunderassen, wie deutsche und englische Vorstehhunde, Hannoversche und Gebirgsschweißhunde, deutsche Wachtel und Spaniels, Jagdterrier, Foxterrier, Dachshunde, Bracken, von jedem Jagdausübungs- und Jagdschutzberechtigten zu fordern ist wohl das mindeste bei jedem, der beansprucht, als Jäger in unserem Sinne angesehen zu werden. Diese Kenntnis anläßlich der Prüfung zur Erlangung eines Jagdscheines nachzuweisen ist eine unabdingbare Voraussetzung für deren Bestehen.

Leider hapert es trotzdem bei nicht wenigen Trägern einer Jagdwaffe noch sehr an solcher Kenntnis. Sonst kämen die häufigen

Abschüsse von Jagdhunden nicht vor, die meistens damit entschuldigt werden, man habe den Hund nicht richtig erkannt. Solche Entschuldigung ist m. E. keine, denn der oberste Grundsatz für jede Jagdausübung ist doch der, daß man nur auf etwas schießt, was man vorher genau angesprochen hat. Nichtbefolgung dieses Grundsatzes widerspricht der Waidgerechtigkeit, kann außerdem die schwersten Jagdunfälle zur Folge haben. Wenn der Schütze aber das Tier, auf das er den Schuß abgibt, vorher einwandrei als Hund erkannt hat, dann muß er auch gesehen haben, welcher Rasse er angehört und ob diese zu den Jagdhunderassen zählt. In diesem Falle unterläßt man normalerweise den Schuß selbst dann, wenn der Hund ein Stück Wild hetzt, denn es könnte sich im Zweifelsfalle ja um einen Jagdhund handeln, der sich »aus Anlaß des Dienstes vorübergehend der Einwirkung seines Führers entzogen« hat, weil er ein angeschossenes Stück verfolgt. Wenn auch unseren Jagdgebrauchshunden ein hohes Maß an Intelligenz eigen ist, die Grenzen der Jagdbezirke kennen sie nun doch nicht; das soll aber sogar manchmal bei Menschen vorkommen! Daß ein Jagdhund also beim Verfolgen eines kranken Stückes Wild in ein Nachbarrevier überjagt, ist keine Seltenheit und liegt in der Natur des Jagdbetriebes und des Hundes. Wenn er dabei abgeknallt wird, oft sogar während er nach einer Fehlhetze zu seinem Herrn zurückkehrt, dann ist das eine unwaidmännische Tat höchsten Grades und außerdem ein Verstoß gegen die gesetzlichen Bestimmungen, abgesehen von der Gemeinheit seinem Herrn gegenüber. Ein Jagdhund ist auch im Dienst, während er für die Jagd ausgebildet wird. Hierbei kann natürlich auch ein Überwechseln über die Jagdgrenze vorkommen.

Grundsätzlich sollte man den Schuß überhaupt unterlassen, wenn man zufällig einen Jagdhund im Revier antrifft. Wildernde Jagdhunde sind selten, von Terriergröße aufwärts sind sie dann allerdings eine Geißel im Jagdrevier. Wenn aber solche Hunde in einem oder mehreren Revieren ihr Unwesen treiben, fällt das jedem aufmerksamen Revierinhaber und Jagdschutzberechtigten auf an der Unruhe und Unstetigkeit des Wildes. Ein einmal im Revier auftauchender Jagdhund kann niemals sofortigen Abschuß rechtfertigen.

Leider muß aber unberechtigter oder rechtsmißbräuchlicher Abschuß von Jagdhunden immer wieder beklagt werden. Was soll man zum Beispiel davon halten, wenn, wie es vorkam, ein »Jagdaufseher« am hellen Tage zu einer Jahreszeit, in der es weder Jungwild gibt noch sonst eine ernsthafte Störung des Wildes zu befürchten ist, den kleinen Teckel eines Forstassessors abschießt, welchen er in Begleitung des zuständigen Forstmeisters und mehrerer anderer Herren einer Kommission anläßlich eines dienstlichen Ortstermins im Gemeindewald von weitem gesehen hat. Oder wenn ein Forstbeamter einen Wachtel des Nachbarjagdpächters erschießt, obwohl ihm bekannt ist, daß dieser solche Hunde führt und abrichtet. Es ist sogar schon vorgekommen, daß der beschossene Hund nicht sofort tot war, als sein in nächster Nähe befindlicher Herr – ohne Waffe, da auf fremden Jagdgebiet – hinzukam, der Schütze aber einfach wegging und der arme Hund sich vor seinen Augen totquälen mußte. Wenn dieser Hundebesitzer in seiner berechtigten Erregung dem Schützen dann noch einige harte Worte zuruft und deshalb obendrein wegen »Beamten«-Beleidigung angezeigt und zu einer Geldstrafe verurteilt wurde, während das Gericht den Schützen auf die Anzeige wegen Tierquälerei mit der Begründung freisprach, dieser habe bei dem Abschuß den Hund nicht quälen wollen, so ist das um so unverständlicher, als ein anderes Gericht gegen einen Jagdausübungsberechtigten, der berechtigt eine Katze schoß, auf Anzeige wegen Tierquälerei eine Geldstrafe verhängte, weil die Tötung der Katze Schmerzen verursacht habe!!

Es ist wirklich schwer, für alle solche Vorfälle nicht die treffende Charakterisierung auszusprechen, besonders wenn man alter Staatsforstbeamter mit über vierzigjähriger Verwaltungs- und fünfzigjähriger Jagdpraxis ist. Eines kann ich mir aber doch nicht ersparen, nämlich Abschüsse von Jagdhunden, wie ich sie an vorstehenden beiden Beispielen geschildert habe, als krassen Amtsmißbrauch, verursacht durch Geltungsbedürfnis, Unwissen auf jagdlichem und Unkenntnis auf jagdrechtlichem Gebiet, sowie jagdliche Unkameradschaftlichkeit und unwaidmännisches Verhalten zu bezeichnen.

Wer weiß, welcher Aufwand an Zeit und Geld für die Abführung eines Jagdgebrauchshundes, gleich welcher Rasse, aufgewendet werden muß, wie sehr ein solcher Hund seinem Herrn ans Herz wächst, der kann beurteilen, was solche Jagdhundmorde – anders kann man sie nicht nennen – nicht nur für materiellen, sondern auch ideellen Schaden schon angerichtet haben. Vorsätzlichkeit auf diesem Gebiet bleibt eine bodenlose Rohheit, Fahrlässigkeit sträflicher Leichtsinn! Auf Grund solcher Erfahrungen ist es verständlich, wenn weite Kreise, auch Jäger, das völlige Verbot des Abschusses von Jagdhunden durch Gesetz fordern.

Kapitel 8 Das Landschaftsschutzgebiet und der Naturpark als Lebensraum des Wildes

Weder gesetzliche Vorschriften für Wildgehege, Tier-, Naturschutz, weder organisatorische Regelungen und Einrichtungen wie Hegeringe, Rot-, Dam-, Muffelwildgebiete, Natur- und Wildschutzgebiete noch sorgfältig ausgearbeitete Richtlinien und Pläne für den Abschuß vermögen einem Lande auf die Dauer einen nennenswerten Wildbestand zu erhalten, wenn die stete Sorge um den für diesen erforderlichen Lebensraum auch nur kurze Zeit außer Acht gelassen wird. Die Entwicklung der Bundesrepublik zum Industriestaat, daraus resultierende Veränderung der Agrarstruktur, der Bevölkerungszuwachs, das Wachstum der Siedlungen, die Zunahme des Verkehrs, die Technisierung engen diesen Lebensraum stetig ein. Das betrifft natürlich in erster Linie die Hochwildarten. Deren Wilddichte kommt eines Tages zwangsläufig in Gegensatz zur wirtschaftlichen Entwicklung des Landes. Es hat gar keinen Sinn, sich etwas anderes vorzumachen, Großwild und Landeskultur vertragen sich – leider – nun einmal nicht ohne unsere Mitwirkung. Fortschritt und Rationalisierung der Wirtschaft haben unweigerlich das Absinken der Wildstände zur Folge, und zwar um so schneller, je später etwaige Gegenmaßnahmen ergriffen werden. Darum müssen wir die weitere Entwicklung sorgfältig beobachten und so frühzeitig wie möglich eingreifen.

Es sind drei Hauptfaktoren, welche den Lebensraum unseres Wildes beeinträchtigen. Das ist erstens die in einem noch vor wenigen Jahren ungeahnten Tempo zunehmende Expansion der Wohnsiedlungen aller Größenordnungen sowie Fabrikations- und sonstigen technischen Anlagen. Hiergegen kann im Interesse einer Erhaltung von Wild leider wenig Wirksames unternommen werden.

Noch am ehesten das Niederwild, vorab Karnickel und Fasanen, kann sich einer hierdurch bedingten Umweltveränderung anpassen, wie z. B. aufgelockerter Bebauung mit Gärten, Parkanlagen, Friedhöfen, und von diesen nicht bejagbaren Räumen aus die benachbarten Jagdbezirke immer wieder auffüllen. Auch abgebaute Sand-, Lehm- oder Mergelgruben können im Wege der Rekultivierung die ökologischen Bedingungen für das Wild zwar ebenso verbessern wie etwaige Brachländereien. Aber das alles sind vergängliche Tropfen auf heiße Steine. Auf längere Sicht dürften solche Räume auch dem Niederwild verlorengehen.

Der zweite unserem Wilde aller Arten schwere Verluste zufügende und seinen Lebensraum einengende Faktor ist das in rascher Vergrößerung befindliche Verkehrsnetz. Vom Gesichtspunkt des Wildschutzes ist hiergegen, sieht man von eventuellen lokalen Verschiebungen im Stadium der Planung ab, wohl kaum etwas Entscheidendes zu erreichen. Was aber bei jedem Autobahn- oder Straßenbau versucht werden muß, ist die Anlage von Schutzmaßnahmen. Wichtig ist hierbei immer die Betonung, daß solche keineswegs vordergründig im Interesse des Wildes, sondern in erster Linie der Verkehrssicherheit halber angestrebt werden. Deshalb sind sie kostenmäßig auch von dem Träger der Straßenbaulast zu übernehmen. Im Vergleich mit den Baukosten fallen sie beim Gesamtaufwand ohnehin kaum ins Gewicht. Die den Wald durchschneidenden oder Wald und Feld trennenden Autobahnen und Kraftverkehrsstraßen sind am zweckmäßigsten abzugattern. In Hessen über die Gatterung vorliegende Erfahrungen aus dem Bereich des Stadtforstamtes Frankfurt am Main, welches von den Bundesautobahnen Frankfurt–Heidelberg/Mannheim und Köln–Würzburg durchschnitten wird, sind ebenso günstig wie im Forstamt Groß-Gerau, dessen Damwildreviere durch die vor einigen Jahren neu gebaute sogenannte Autobahneckverbindung (Mönchhof an der Autobahn Köln–Würzburg nach Darmstadt) von den angrenzenden Feldgemarkungen abgeschnitten wurden. Daß die Revierinhaber dem Wilde in solchen Fällen neue Äsungsmöglichkeiten innerhalb des Waldes schaffen müssen, sollte allerdings selbstverständlich sein. Zu vermeiden ist ganz allgemein eine Begrünung der Böschungen und Mittelstreifen von Verkehrswegen mit Klee, süßen Gräsern, Wildobst, Ebereschen und anderen Weichhölzern, also mit Pflanzen, die das Wild anziehen. Im übrigen sollten alle durch Wald oder an ihm entlang führenden häufig befahrenen Straßen wenigstens mit sogenannten Gitterhecken, dichten, sperrigen, undurchlässigen Strauchhecken, abgesichert werden. Heute durchziehen sehr viele stark befahrene Straßen ehemals stille Waldgebiete, auf denen mehr Wild zu Tode kommt, als wir jemals erfahren. An Wildverlusten durch den Kraftfahrzeugverkehr in der Bundesrepublik weist die Statistik für das Jahr 1970 nach: 700 Stück Rot- und 800 Stück Damwild, 60 000 Stück Rehwild, 1000 Sauen und 120 000 Hasen. Dazu kommt noch, daß die Kofferräume der Kraftwagen groß und verschwiegen sind. Außerdem verludert angefahrenes Wild häufig unaufgefunden in den Dickungen. Demgegenüber sind die Wildverluste durch Krankheiten, auch die Wildtollwut, so gering, daß sie überhaupt nicht ins Gewicht fallen. Wenn man häufiger in den Morgenstunden die Autobahnen oder verkehrsreichen Straßen befährt, ehe die Krähen und Elstern ihr Reinigungswerk vollzogen haben, dann befällt einen manchmal ein Grausen beim Anblick der Menge plattgewalzter Hasen, Kaninchen und Igel. Mehrmals sah ich sogar auch Überreste überfahrener Füchse und an den Wegrändern angefahrene Rehe. Das ließe sich bei etwas Aufmerksamkeit und Beachtung der Wildwechselwarnschilder vermeiden. Ich fahre jetzt fast fünfzig Jahre selbst eigene Wagen und habe auch Situationen erlebt, in denen es unvermeidlich war, ein Tier zu überfahren. Aber das geschah so selten, daß kaum ein Dutzend in dieser langen Zeit zusammen kommt.

Den dritten Faktor aber, welcher den Lebensraum unseres Wildes besonders stark ungünstig beeinflussen kann, nämlich die erst in den letzten beiden Jahrzehnten merkbar zum Tragen gekommene Sozialfunktion des Waldes, können wir erfreulicherweise steuern. Noch bis in die fünfziger Jahre überwog eindeutig die Nutzfunktion des Waldes als Lieferant des Rohstoffes Holz. Daneben stand die Schutzfunktion für Klima, Luftreinheit, Boden, Wasserhaushalt. Jetzt ist beides in den Hintergrund gedrängt durch die Sozialfunktion als Erholungsquelle für die Bevölkerung. Waren es zunächst nur die Waldungen in der Nähe der Städte, die von einer größeren Zahl Menschen häufiger aufgesucht wurden, so brachten die starke Motorisierung der Massen und die Einführung des freien Wochenendes es mit sich, daß sich nunmehr wahre Besucherströme auch in abgelegene, bisher ruhige Waldgebiete ergießen. Damit kommen aber auch alle Nachteile der Zivilisation dahin. Auf jedem Waldweg stehen – trotz Sperrschildern und Schranken – Kraftfahrzeuge, in Verjüngungen, Kulturen, auf zuvor stillen Waldwiesen lagern, zelten, spielen Menschen. Feuer werden angezündet, mitgebrachte Hunde durchstöbern Dickungen, überall liegen und fliegen leere Konservenbüchsen, Bananenschalen, Frühstückspapier, Plastikhüllen und anderer Unrat herum. Kurz, es ist mancherorts nicht mit anzusehen, Ruhe und Erhabenheit der Natur sind dahin. Der Hauptleidtragende aber ist das Wild, das, aus seinen Einständen verjagt, verstört und unstet in seinem ihm bislang vertrauten Lebensraum umherziehen muß. Es weiß nicht, wohin es soll und beginnt abzuwandern. Dabei gelangt es in Gebiete, in denen es weder Ruhe noch Äsung findet und in denen ihm unbekannte Gefahren drohen, die es schließlich umkommen lassen. Zu solchen Verhältnissen zu gelangen waren wir überall im Bundesgebiet auf dem bestem Wege, besonders im Umkreis von 100 bis 150 Kilometern um die industriellen Ballungsgebiete.

Während meiner Dienstzeit im Landwirtschaftsministerium in Wiesbaden hatte ich mich nicht nur in meiner Eigenschaft als Referent für Jagd, Waldbau, Forstschutz mit diesen Problemen zu befassen, sondern mir oblagen auch das Naturschutzreferat und die Führung der Geschäfte der obersten Naturschutzbehörde. So war es denn mein besonderes Anliegen, die Belange von Wald und Wild mit denen des Naturschutzes und der Landschaftspflege in Einklang zu bringen. Es war eine dankenswerte Aufgabe. Die größten Sorgen in dieser Beziehung bereitete mir das riesige Ballungsgebiet Rhein–Main–Neckar. Von den hessischen mit am wald- und wildreichsten Gebirgslandschaften, welche bisher im wesentlichen nur von Natur-, Heimatfreunden und stillen Wanderern besucht worden waren, gerieten Vogelsberg und Odenwald am stärksten in den Sog dieser Wald und Wild gleichermaßen gefährdenden Entwicklung. Und gerade diese beiden lagen mir besonders am Herzen. War der Vogelsberg meine engere Heimat, in der ich Kindheit und

Jugend, erste jagdliche Erfolge und meine Erziehung zum Jäger erlebt hatte, so war im Odenwald mein erstes selbständiges berufliches Tätigkeitsgebiet gewesen, das eigene Forstamt mit einm guten Rotwildstand, das ich nach eigenen Gedanken und Plänen hatte gestalten und bewirtschaften dürfen. Klar war mir allerdings, die Bewegung in Richtung Volkserholung in der Natur und im Walde war nicht mehr aufzuhalten. Der Einsicht konnte und durfte man sich nicht verschließen, die heutzutage unter vielfältigem Streß stehende Menschheit findet während ihrer arbeitsfreien Zeit am ehesten in der Natur einen Ausgleich gegenüber der Hektik des Alltagslebens. Aber es mußten Mittel und Wege zu finden sein, um nicht nur im Interesse des Wildes, sondern auch in dem ureigensten der Menschen zu verhindern, daß sich hierbei eine Form der Freizeitgestaltung herausbildete, die mit Besinnlichkeit und Erholung nichts mehr zu tun hatte, sondern nur Rummel mit Naturkulisse gewesen wäre. Die Lenkung und Ordnung des Fremdenverkehrs in erträgliche Bahnen erschien mir als bester Weg.

Hier kam mir die um 1950 angelaufene Propagandawelle für die Schaffung von Naturparken sehr gelegen. Ich teilte zwar nicht die Skepsis vieler Land- und Forstwirte, der Jägerschaft und der Schutzgemeinschaft Deutscher Wald, daß mit der Naturparkwerbung der Rummel erst richtig in alle noch stillen Waldgebiete hineingetragen würde und Beschränkungen oder Beeinträchtigungen der Wirtschaft und der Jagd zu befürchten seien. Doch hatte ich auch Verständnis für solche Einstellung, denn die anfänglich bestehende Unklarheit der Begriffe ließ durchaus derartige Befürchtungen aufkommen. Man glaubte, der Lüneburger Heidepark mit seinen erheblichen wirtschaftlichen Einschränkungen sollte das maßgebliche Modell für geplante Naturparke darstellen. Auch die Bezeichnung »Park« rief bei manchem den Eindruck hervor, als wollte man Zierlandschaften mit vorgeschriebener Besuchs- und Benutzungsvorschrift schaffen, Wirtschaft und Jagd in den Hintergrund drängen. Ebenso legte die anfänglich uneinheitliche Benennung »Nationalpark« oder »Naturschutzpark« Vergleiche nahe mit den ausländischen Nationalparken und ihren teilweise sehr einschneidenden, die Bewirtschaftung hemmenden Verboten sowie den streng geschützten gesetzlichen Naturschutzgebieten deutschen Rechts. Ich faßte dagegen den Natur-»Park« von Anfang an im Sinne eines Ordnungsprinzipes auf wie »Fuhrpark«, »Gerätepark«, »Parkplatz«. So wurde er dann ja auch später allgemein und in der Verwaltung interpretiert.

Das als Landesrecht in der Bundesrepublik weiter geltende Reichsnaturschutzgesetz kannte Begriffe wie »Naturschutzpark« oder »Naturpark« bisher nicht. Es unterschied nur Naturschutzgebiete und Landschaftsschutzgebiete. Im Naturschutzgebiet wird die Erhaltung bestimmter Teile der Natur in ihrem ursprünglichen Zustand gesichert, z. B. ein schöner Baumbestand, ein Gewässer, eine Wiese, ein Moor, das Vorkommen selten gewordener Pflanzen und Tiere. Es hat konservierenden Charakter, umfaßt deshalb im allgemeinen nur verhältnismäßig kleine Flächen, auf denen die Wirtschaft dann wohl bestimmten Beschränkungen unterworfen werden kann. Auf jeden Fall aber sind die bisher und zweifellos auch in Zukunft unter Naturschutz gestellten Flächen nicht so weiträumig, daß sie den Lebensraum des Wildes beeinflussen könnten.

Ein Landschaftsschutzgebiet kann dagegen recht ausgedehnt sein. Es hat den Zweck, den Charakter der Landschaft zu erhalten und Änderungen zu verhindern, welche geeignet sind, die Natur zu schädigen oder das Landschaftsbild und den Naturgenuß zu beeinträchtigen. Dabei können auch eines oder mehrere der strenger geschützten Naturschutzgebiete innerhalb eines solchen Landschaftsschutzgebietes gelegen sein. Die bauliche, technische und wirtschaftliche Weiterentwicklung soll also im Landschaftsschutzgebiet nicht gehemmt oder unterbunden, sondern nur mit dem typischen Landschaftsbild in Einklang gebracht werden. Ein solches inzwischen unter Schutz gestelltes Landschaftsbild kann sogar erst durch menschliche Einwirkung entstanden sein, wie beispielsweise die für die Hohe Rhön charakteristischen Matten als Folge ausgedehnter Abholzungen früherer Zeiten oder die Lüneburger Heide als – von Natur aus auch ehemaliges Waldgebiet – Resultat menschlicher Schafweidewirtschaft. Die Landschaft, wie sie sich uns heute darbietet, ist somit häufig gar keine Urlandschaft mehr, sondern kann durch die menschliche Bewirtschaftung überhaupt erst geformt worden sein. Daß sogar künstliche technische Bauwerke ein Landschaftsbild zu bereichern vermögen, beweist der Edersee.

Meistens werden unter Schutz gestellte Landschaften auch als Erholungsgebiete bevorzugt. Sie sind in der Regel ganz oder größtenteils bewaldet. Hebt sich ein solches Landschaftsschutzgebiet, in vielen Fällen zusammen mit mehreren räumlich entsprechend gelegenen anderen, hervor durch Großräumigkeit und überregionale Bedeutung als Erholungsraum für erhebliche Teile der Bevölkerung, dann ist eine derartige Landschaft prädestiniert für die Schaffung eines Naturparkes. Dann werden fast immer gezielte Gestaltungs- und Ordnungsmaßnahmen zur Förderung oder Erleichterung der Erholung zweckmäßig und notwendig. Damit ist der Naturpark gegeben. Da die Naturparke der Wohlfahrt des Volkes dienen und damit im öffentlichen Interesse liegen, werden sie neben anderen mit öffentlichen Mitteln gefördert. Das ist auch der Fall, wenn der Naturparkträger keine öffentlich rechtliche Körperschaft, sondern ein Privater ist, z. B. ein Verein.

Der erste Naturpark »Lüneburger Heide« wurde bereits 1921 Naturschutzgebiet und 1956 als Naturpark eingerichtet. Mit seiner Struktur paßte er aber nicht ganz in das Konzept neuzeitlicher Naturparke. Der erste dieser Art war der Hohe Vogelsberg. Da die Flut der in den Vogelsberg einströmenden Menschenmassen von Jahr zu Jahr rapide anstieg, war es die allerhöchste Zeit, daß 1956 diese schöne, dabei herbe und urwüchsige Landschaft um der Erhaltung ihrer Eigenart willen zuerst einmal unter Landschaftsschutz gestellt wurde. Der unermüdliche Vorkämpfer hierfür war der inzwischen verstorbene Forstmeister Dr. Hermann Künanz in Konradsdorf. Aber um den ständig steigenden Anforderungen der Volkswohlfahrt und Volksgesundheit zu genügen und den Ansturm, der sich an jedem Wochenende stauenden kilometerlangen Autoschlangen aus dem Rhein-Main-Gebiet, die Massen von Skiläufern im Winter und die sonstigen Besuchermengen in geordnete Bahnen zu lenken, war die sofortige Schaffung von Park- und Lagerplätzen, Liegewiesen und Wanderwegen mein Hauptbestreben. Man hatte bereits bei Erlaß der Landschaftsschutzverordnung örtlich Gebiete festgelegt, in denen außer der Errichtung von Heilstätten besondere Maßnahmen zur Verhinderung ruhestörenden Lärms getroffen werden sollten. Daneben waren Sport- und Fremdenverkehrsgebiete ausgewiesen. Ein landwirtschaftlicher Versuchsbereich außerhalb des Waldes wurde abgegrenzt. Im ganzen durfte das Landschaftsbild grundsätzlich – abgesehen von der ordnungsmäßigen forstlichen Bewirtschaftung – nicht verändert werden. Strenger geschützte Naturschutzgebiete, wie das Hochmoor auf der Breungeshainer Heide, der leider inzwischen infolge einer unabwendbaren amerikanischen Radarstation zerstörte Urwald auf dem Taufsteingipfel, der Geiselstein, die Goldwiese, die Forellenteiche, wurden in das Landschaftsschutzgebiet mit einbezogen. Hier darf keine Blume oder Pflanze entnommen, kein Schmetterling oder anderes Tier gefangen werden. Apollofalter und Hirschkäfer kommen hier noch vor, und von selten gewordenen Pflanzen Arnika, Trollblume, Türkenbund, Seidelbast, Märzbecher, viele Orchideenarten, Haselwurz, Eisenhut, Salbei, Enzian, Torfmoose, Wollgras, Krähen- und Moosbeere, Moorbirke, Sonnentau. Im Oberwald ist in den letzten Jahren auch der Tannenhäher als Brutvogel beobachtet worden. Die Vogelwelt ist überhaupt arten- und zahlreich. Im Vogelsberg wird heute noch die »Blutfinkenzucht« betrieben, insbesondere in den Dörfern Angersbach, Landenhausen, Lanzenhain und der Stadt Herbstein. Dazu werden Nestjunge des Dompfaffs ausgenommen und aufgezogen, zum Teil auch im Käfig gezüchtet. Die Männchen sollen das Pfeifen von Liedern lernen, was ihnen der Abrichter unermüdlich vormacht. Ein guter Vogel pfeift zwei Lieder und ist recht teuer. Die »Vögelskrämer« betreiben ihr Gewerbe ganz offiziell mit Fangschein.

Nachdem im Zuge der Naturparkanlagen alle Wege mit Ausnahme der Durchgangsstraßen für den motorisierten Fremdenverkehr gesperrt, die sonstigen Wege und Pfade so geführt wurden, daß dem Wilde ungestörte Zufluchtsorte verbleiben, wirkte sich das sehr bald günstig auf den Wildstand, seine Hege und die notwendige Bejagung aus. Ohne diese Lenkung des Fremdenverkehrs im Naturpark dagegen wäre der Lebensraum des Wildes zweifellos in hohem Maße beeinträchtigt worden. Die Kraftwagen sind auf den Parkplätzen, die Menschen in deren Nähe konzentriert. Die Wanderwege haben die Mehrzahl der Spaziergänger aufgenommen, und dort, wo man sie nicht haben will, vor allem in den Wildeinständen, werden Menschen lange nicht mehr so häufig angetroffen wie früher.

So bietet die rechtzeitige Schaffung von Naturparken eine Möglichkeit, der einschneidenden und verderblichen Einengung des Lebensraumes unserer Wildarten, in erster Linie des große Räume beanspruchenden Rotwildes, vorzubeugen. Dementsprechend ist der Vogelsberg auch offizielles Rotwildgebiet. Er umfaßt rund 2500 Quadratkilometer und stellt einen kegelförmigen Basaltstock dar. Der über der Höhenlinie 400 Meter liegende Teil bildet das rund 210 Quadratkilometer große Landschaftsschutzgebiet, den Naturpark. Die Kegelspitze über der 600-Meter-Grenze heißt »Oberwald«. Dieser mit 135 Quadratkilometer Größe besteht zu 40 Prozent aus Wald, zu 37 Prozent aus Wiesen und Huteweiden. Zahlreiche Hecken und Raine sind charakteristisch für die Vogelsberglandschaft.

Auf der Höhe des Basaltkegels ragen einzelne Erhebungen heraus. Der 774 Meter hohe Taufstein ist die höchste. Auf ihm hat der Apostel der Deutschen, Bonifatius, die heidnischen Chatten getauft. Seinen Gipfel krönt der aus Basaltsteinen errichtete Bismarckturm, von dessen Plattform bis Anfang des letzten Krieges an jedem 1. April, dem Geburtstag des eisernen Kanzlers, ein Feuer weit ins Land hinaus leuchtete. Von diesem Turm aus kann an klaren Tagen der Blick bis zum Thüringer Wald und zu den Vogesen schweifen. 763 Meter hoch ist der benachbarte Hoherodskopf. Seine Süd- und Westhänge sind nur gering bewaldet und als im Winter stark besuchtes Skigelände ausgewiesen.

Gemessen an der Höhe des Vogelsberges von noch nicht 800 Meter ist sein Klima ungewöhnlich rauh. Selbst in der warmen Jahreszeit bildet sich in den Höhenlagen häufig Nebel. Im Verein mit winterlichem Schneefall kann dieser auch heute noch jeglichen Verkehr lahmlegen. Daher bestand in früheren Zeiten, wie ich es in meiner Jugend noch selbst erlebte, in den Vogelsbergdörfern die Sitte des »Wusterläutens«, damit der einsame Wanderer im Nebel und Schneegestöber sich am Glockenton orientieren sollte. Die jährliche Niederschlagsmenge im Oberwald ist mehr als 1000 Millimeter, die Jahresmitteltemperatur im Durchschnitt 7 Grad. Als Wasserspeicher für die Einzugsgebiete von Rhein und Main, Lahn und Fulda hat der Vogelsberg eine große Bedeutung. Gewässerverschmutzungen sind im Bereich des Landschaftsschutzgebietes bisher noch nicht eingetreten. In den klaren Gebirgsbächen leben Bachforelle und Flußkrebs, in den größeren Wasserläufen Döbel, Rotauge, Hecht und Aal. Die Teiche von Staat und privatem Großgrundbesitz sind mit Karpfen und Schleien besetzt. Sie bieten mannigfache Gelegenheit zur Jagd auf Wasserwild, welches dort noch seinen Lebensraum findet.

Der Oberwald ist das Kernstück des Rotwildgebietes, die ungestörten Dickungen und Erlenbrücher, der äsungsreiche Waldboden, Waldwiesen und Weiden bieten dem Wilde günstige Lebensbedingungen. Rotwild ist seit jeher hier beheimatet gewesen. Zwischen 1848 und 1934 zwar scheinbar ausgerottet, fand es in den ans Landschaftsschutzgebiet angrenzenden Forsten des Grafen Solms-Laubach eine Zuflucht. Von da aus und von Osten vom Gieseler Forst auf den alten Fernwechseln hat es nach Inkrafttreten des Reichsjagdgesetzes im Jahre 1934 seinen ursprünglichen Lebensraum im Vogelsberg sehr schnell wieder besiedelt. Das in den dreißiger Jahren im Laubacher Wald eingebürgerte Muffelwild hat sich dagegen nicht weiter verbreitet. Diese Standorttreue beweist die Reinrassigkeit. Die Schneckenbildung ist recht gut. Ich erlegte kurz vor meiner Pensionierung als Gast in Laubach einen starken Widder. Die Geweihbildung des Rotwildes ist im Vogelsberg ebenfalls gut, auch die Rehböcke tragen teilweise starke Gehörne.

Wer den Vogelsberg in seiner Schönheit kennt, kann nur begrüßen, daß die Lösung des Problems, ein Waldgebiet mit hohem Erholungswert für Menschen auch als Lebensraum für mannigfache Wildarten zu erhalten, offensichtlich gelungen ist. Naturfreunde, Wanderer, Jäger wissen das besonders zu schätzen. Und wer diesen Wald, diese Landschaft Heimat nennen darf, trägt ihr Bild unauslöschbar im Herzen. Wohin ihn sein Lebensweg auch immer geführt haben mag, stets kehrt er gerne dorthin zurück, denn dort fühlt er sich geborgen zu allen Zeiten, ob die Sonne vom blauen Himmel strahlt oder aber die Berge in ihre Nebelkappe gehüllt sind, wie es das alte Lied besingt, welches die Treiber früher nach den herbstlichen Jagden beim Umtrunk so oft gesungen haben. Und wenn man dort einmal wieder einen brausenden Herbst- oder Frühlingssturm erleben darf, dann wird die alte Sage lebendig, daß nun der Wilde Jäger vom Totenküppel bei Meiches über den Wehrberg zum Forstort Altekirchhof nahe den Schalksbachteichen reitet. Die schönste Zeit für den Jäger aber bricht an, wenn der Herbst dem Walde sein farbenprächtiges Festkleid angezogen hat und der Oberwald erdröhnt vom Brunftschrei des edlen Hirsches. Dieses für alle Zeiten zu erhalten, sollte immerwährend das Streben aller für Wald und Wild Verantwortlichen bleiben.

War mir die Bewahrung des Lebensraumes für das Wild trotz andrängender Menschenflut im Vogelsberg eine besondere Herzenssache, so galt das gleiche für den Odenwald. Dieser ist jeweils nur kaum eine Autostunde entfernt im Norden von dem Ballungsgebiet Rhein-Main mit den großen Städten Frankfurt, Offenbach, Hanau, Darmstadt, im Südwesten dem Rhein-Neckar-Gebiet mit Heidelberg, Mannheim, Ludwigshafen. Beliebtes Ausflugsziel für die Bewohner dieser Städte war der Odenwald schon lange, aber mit der allgemeinen Motorisierung setzte eine solche Invasion ein, daß baldigste ordnende Maßnahmen dringend notwendig wurden, sollte nicht jeder Waldweg von parkenden Kraftwagen verstopft, jeder Forstort von Ausflüglern beunruhigt werden, überall Zelt- und Lagerplätze, Verkaufsbuden und Rummelplätze entstehen. Ebenso bestand eine besondere Gefahr der Verunstaltung des Landschaftsbildes durch den planlosen Bau von Wochenendhäusern, da überall irgendwo in der Landschaft und außerhalb der Bebauungsgebiete Gelände zu erwerben war. Und als Folge von allem eine gesteigerte Waldbrandgefahr vorwiegend in den ausgedehnten Nadelholzwaldungen. Es war also höchste Zeit, daß die zuständigen Naturschutzbehöden seit 1960 Landschaftsschutzverordnungen erließen, um die Schönheit des Odenwaldes als Landschaft, als Erholungs- und Wandergebiet vor weiteren Beeinträchtigungen zu bewahren, Land- und Forstwirtschaft aber ebensowenig zu behindern wie die Ausübung der Jagd und Fischerei.

Der Odenwald umfaßt eine Fläche von etwa 2300 Quadratkilometer. Er ist ein typisches Mittelgebirge, im nördlichen Teil des südwestdeutschen Raumes zwischen Main, Bergstraße und Neckar. Während er im Westen an der Bergstraße steil in die Oberrheinebene abfällt, gehen die Höhen im Norden ganz allmählich in die Mainebene über, ebenso im Süden, wo er den Neckar als »kleiner Odenwald« überschreitet, und im Südosten der Übergang zum Hügelland des Kraichgaues und des Baulandes. Im Osten bildet das Maintal die Trennungslinie zum Spessart.

Im ganzen gesehen stellt der Odenwald ein nur mäßig – durchschnittlich 400 Meter – hohes Bergland dar. Jedoch ragen einzelne Berggipfel heraus, welche von Nordwesten nach Südosten höher werden Die höchste Erhebung hier, bei Eberbach im badischen Gebirgsteil, ist der 626 Meter hohe Katzenbuckel. Im mittleren Teil erreichen die Neunkircher Höhe unweit Lindenfels 605 Meter und Tromm bei Waldmichelbach 577 m. Der Königstuhl bei Heidelberg, den man als südwestlichen Eckpfeiler bezeichnen kann, ist 568 Meter hoch. Weiter die Bergstraße nach Norden zu folgen der Eichelberg bei Weinheim mit 527 Meter, Melibokus und Felsberg nahe Bensheim–Auerbach mit 517 Meter und 515 Meter bis zum nordwestlichen Eckpfeiler des Gebirges, dem 420 Meter hohen Magnetberg mit der Burg Frankenstein bei Darmstadt-Eberstadt.

Nach seinem geologischen Aufbau unterscheidet man den westlichen »Vorderen Odenwald« als Urgestein- oder kristallinen Odenwald vom östlichen, dem »Hinteren« oder »Buntsandsteinodenwald«. Dieser geologische Aufbau hat – bedingt durch die unterschiedliche Verwitterung der Gesteine – eine verschiedenartige Oberflächengestaltung bewirkt. Der kristalline Gebirgsteil ist aufgegliedert in einzelne Bergmassive mit steilen, felsigen Hängen, umgeben von kurzen Tälern. Der Buntsandsteinodenwald dagegen wird charakterisiert durch von Norden nach Süden verlaufende lange Täler und Höhenzüge, teilweise mit Hochplateauflächen. Kleinere Basaltdurchbrüche kommen im Norden, der größte, der Katzenbuckel, im Südosten vor.

Die klimatischen und standörtlichen Voraussetzungen weisen ein deutliches West-Ost-Gefälle auf. Der Vordere Odenwald mit seinen mineralkräftigen Urgesteinverwitterungsböden ist begünstigt durch ein verhältnismäßig mildes Klima. Die Bergstraße zählt zu den klimatisch am meisten bevorzugten, wärmsten Gegenden Mitteleuropas. Dort gedeihen Mandelbäume und Edelobst. Die mittlere Jahrestemperatur liegt über 9 Grad C, die Jahresniederschlagsmenge bei 700 bis 800 Millimeter. Noch inmitten des Gebirges an den Übergängen vom kristallinen zum Buntsandsteinbereich gedeihen Nußbäume und Edelkastanien bei einer durchschnittlichen Jahrestemperatur von etwa 8 Grad C und einem Niederschlag von 800 bis 1000 Millimeter. Weiter nach Osten, auf den mineralärmeren Buntsandsteinstandorten, sinkt die Jahresmitteltemperatur aber auf 7 Grad C und darunter bei Niederschlagsmengen von 1000 bis 1200 Millimeter. Die meisten fallen im Winter in Form von Schnee, während Frühjahr und Herbst ziemlich trocken sind. Dementsprechend ist auch im Hinteren Odenwald die Schneebruchgefahr groß und von erheblichem Einfluß auf die waldbauliche Planung. In den Schneebruchlagen, auf den Süd- und Westhängen (Sommerhängen) über 400 Meter, den Nord- und Osthängen (Winterhängen) über 300 Meter, ist die Schneebruchgefahr überhaupt ausschlaggebend für die Holzartenwahl dieses überwiegend mit Nadelholz bestockten Gebietes.

Das auch heute noch wichtigste Wild des Hinteren Odenwaldes ist das Rotwild. Sein Bestand wurde nach dem letzten Krieg stark verringert. Doch ist heute die untere Grenze erreicht, sonst könnte von einer jagdlichen Bedeutung des Rotwildes im Odenwald nicht mehr gesprochen werden. Dieses würde sich wirtschaftlich für die Gemeinden sehr ungünstig auswirken, denn das Rotwild ist die Ursache der ziemlich hohen Jagdpachteinnahmen. Auch die Belange des Natur- und Heimatschutzes fordern die Erhaltung der letzten, in deutschen Wildbahnen lebenden Großwildart. Dieses auch wegen des in jüngster Zeit außerordentlich stark aufblühenden Fremdenverkehrsgewerbes in den Landgemeinden, denn die Besucher wollen im Walde Wild zu Gesicht bekommen.

In welcher Richtung man durch den Odenwald wandert oder fährt, immer wieder offenbaren sich neue Schönheiten. Weit geht der Blick von den Höhen der Bergstraße über die Rheinebene bis zum Pfälzer Wald und den Vogesen. In jedem Vorfrühling ist es ein beglückendes Erlebnis, wenn die Hänge der Bergstraße im Blütenschmuck prangen, obwohl sonst noch überall der Winter seine Herrschaft behauptet. Anmutig und lieblich ist das Neckartal mit seinen steilen, bewaldeten Hängen, seinen Schlössern und Burgen und an seinem Auslauf in die Rheinebene, die trotz aller technischen und städtebaulichen Entwicklung, Verkehrsverdichtung und moderner Unrast immer noch unvergleichliche alte Universitätsstadt Heidelberg mit dem ehrwürdigen Schloß der früheren Pfalzgrafen am Hange des Königstuhls. Von West nach Ost führt die Nibelungenstraße durch das Gebirge von Worms kommend über Michelstadt nach Amorbach und weiter in Richtung Würzburg. Hat man auf dieser Straße den Luftkurort Lindenfels, die »Perle des Odenwaldes«, und weiter das Städtchen Reichelsheim, das »treue«, wie es in Scheffels Rodensteinliedern heißt, passiert, zweigt in südlicher Richtung der Weg ab nach Grasellenbach, einem aufblühenden Kneippkurort, in dessen Nähe am Spessartskopf der »Siegfriedsbrunnen« zu finden ist. Hier soll bei einer Jagd Siegfried von dem grimmen Hagen erschlagen worden sein. Ob es allerdings der »echte« Siegfriedsbrunnen ist, weiß niemand. Noch mehrere andere Odenwaldorte behaupten, der richtige Siegfriedsbrunnen sei in ihren Gemarkungen.

Herber, jedoch landschaftlich ebenso eindrucksvoll ist der Hintere Odenwald mit seinen langen Tälern. Die in diesen fließenden Bäche weisen in ihren oberen Strecken, solange keine Abwässer eingeleitet sind, noch guten Forellenbesatz auf und ermöglichen die Ausübung des Angelsports. Der bedeutendste Wasserlauf dieses Gebietes, die Mümling, entspringt aus einem Brunnen inmitten des Städtchens Beerfelden, dem Sitz meines früheren Forstamtes, der mehr als 600jährigen »Stadt am Berge«, in 430 Meter Höhe und fließt in nördlicher, dann östlicher Richtung, bis sie bei Obernburg in den Main mündet. Eine besondere Sehenswürdigkeit von Beerfelden ist sein wohlerhaltener, im Jahre 1550 errichteter dreiteiliger Galgen, an dem gleichzeitig sechs arme Sünder Platz fanden. Zuletzt endete hier im Jahre 1804 eine Zigeunerin, weil sie ein Huhn und zwei Laib Brot gestohlen hatte. Weiter abwärts im Mümlingtal liegt Bad König, ein an Bedeutung ständig gewinnendes Heilbad mit acht kohlensäurehaltigen Stahlquellen gegen Kreislauf- und Nervenkrankheiten. Luftkurorte und Sommerfrischen sind in großer Zahl im Odenwald zu finden.

Es ist nicht verwunderlich, daß der Strom der Odenwaldbesucher dauernd anschwillt. Da die Landschaftsschutzverordnungen mit ihren Verboten nicht ausreichten, mußten auch im Odenwald geeignete Anlagen und Vorkehrungen geschaffen werden, so daß sowohl der Autowanderer zu seinem Recht kommt wie der die Einsamkeit liebende Fußwanderer, der Skiläufer wie der Naturfreund, welcher schauen, beobachten, Wild sehen möchte, der geruhsame Spaziergänger, der Kurgast, der zeltende Campingfreund.

Am 20. Dezember 1960 wurde der »Verein Naturpark Bergstraße–Odenwald e. V.« gegründet. Er hat sich zum Ziel gesetzt, durch Förderungsmaßnahmen eine Synthese herzustellen zwischen den Gegensätzen Natur- und Heimatschutz, Wild und Jagd, Erholungs- und Ausflugsverkehr. Mitglieder des Vereins sind die im rund 1250 Quadratkilometer umfassenden Naturparkgebiet liegenden Gemeinden, denen sich nahezu alle größeren Städte der Umgebung des Naturparks und viele Gemeinden, auch der angrenzenden Länder, angeschlossen haben, ebenso wie interessierte sonstige Organisationen und Persönlichkeiten. Der Verein ist Träger aller Maßnahmen zur Förderung des Naturparks. Finanziert werden diese einmal durch Eigenmittel, außerdem aber durch namhafte Zuschüsse des Bundes und des Landes Hessen.

Es darf festgestellt werden, daß auch im Odenwald die genannten Maßnahmen sich sehr günstig auf den Lebensraum des Wildes ausgewirkt haben. Dieses ist übrigens über die anderen bis zu meinem Ausscheiden aus dem aktiven Dienst in Hessen entstandenen Naturparke ebenfalls zu sagen. Es waren bis dahin sieben.

Die Anwendung naturschutzrechtlicher Vorschriften und Möglichkeiten zwecks Erhaltung des Lebensraumes des Wildes kann also durchaus zum Erfolg führen. Es gibt aber auch Fälle, in denen dieses nicht ausreicht oder aus anderen Gründen nicht tunlich ist. Das Bundesjagdgesetz bietet keine Handhabe, entsprechende Regelungen zu treffen. Ich empfand das als eine Lücke im Jagdrecht und ergriff die Gelegenheit, diese über die Landesgesetzgebung zu schließen, als das Bundesjagdgesetz im Jahre 1961 neu gefaßt worden war. Das bedingte nämlich auch eine Neufassung des Hessischen Ausführungsgesetzes. Dabei gelang es, einen § 22a »Wildschutzgebiete« einzufügen. Einfach war das nicht, denn bevor und nachdem der Entwurf dem Landtag zur Beschlußfassung vorgelegt war, mußten eine Menge Bedenken sowohl bei den Abgeordneten als auch in der breiten Öffentlichkeit zerstreut werden. Uns wurde vor allem zum Vorwurf gemacht, daß wir angeblich den Besuch des Waldes erholungsbedürftigen Menschen, den Wanderern und Naturfreunden völlig sperren und den Fremdenverkehr abdrosseln wollten, weil die Forstbeamten die Jagd für sich allein haben wollten und ähnliches mehr. Es bedurfte daher nicht unerheblicher Aufklärungsarbeit. Dankenswerterweise beschäftigten sich auch viele Tageszeitungen im positiven Sinne mit der Problematik der Wildschutzgebiete. Allmählich sah man dann doch ein, daß hier in erster Linie das Wild für die Allgemeinheit geschützt, die ungestörte Wildbeobachtung ermöglicht werden sollte. Die Angriffe und negative Kritik hörten auf, und die geplanten Wildschutzgebiete wurden gesetzlich verankert. Der Begriff »Wildschutzgebiet« fand sich bisher in den gesamten einschlägigen Gesetzen nur ein einziges Mal im § 20 Abs. 2 des Bundesjagdgesetzes, und zwar bereits in dessen alter Fassung vom 29. November 1952, wonach die Ausübung der Jagd in Naturschutz-, Baumschutz- und Wildschutzgebieten und in Wildparks durch die Länder geregelt wird. An diese unverändert in die neue Fassung übernommene Bestimmung schloß der in das Hessische Ausführungsgesetz zum Bundesjagdgesetz neu aufgenommene § 22a an. Er lautet unverändert als § 24 in der jetzt geltenden Fassung vom 6. November 1969 des Hessischen Ausführungsgesetzes:

(1) Flächen, die für die Wildhege und Wildforschung von besonderer Bedeutung sind, können von der obersten Jagdbehörde auf Antrag des Eigentümers oder Nutznießers und des Jagdausübungsberechtigten für die Dauer von wenigstens sechs und höchstens zwölf Jahren zu Wildschutzgebieten erklärt werden. Die Anordnung kann wiederholt werden.

(2) In Wildschutzgebieten kann:

1. die Ausübung der Jagd beschränkt oder das Ruhen der Jagd angeordnet werden,
2. das Betreten von Flächen und nichtöffentlichen Wegen zeitweise, insbesondere während der Fortpflanzungs-, Setz- und Brutzeit für Nichtjagdausübungsberechtigte untersagt werden.

(3) Anordnungen über Wildschutzgebiete sind im Staats-Anzeiger für das Land Hessen bekanntzumachen.

Hierzu bestimmt die Durchführungsverordnung:

1. Anträge sind mit einer Karte im Maßstab von mindestens 1:25 000 in dreifacher Ausfertigung über die obere Jagdbehörde vorzulegen.

2. Werden Flächen zum Wildschutzgebiet erklärt, so hat der Antragsteller deren Grenzen durch Hinweisschilder zu kennzeichnen; Art und Beschriftung der Schilder werden von der obersten Jagdbehörde bestimmt.
3. Der Antragsteller hat die baren Auslagen des Verfahrens zu tragen.

Wir haben an die Anwendung dieser Vorschriften einen strengen Maßstab angelegt und nur dort davon Gebrauch gemacht, wo die Verhältnisse es unbedingt erforderten, die nach dem Naturschutzrecht zu treffenden Maßnahmen aber keinesfalls ausreichten. Das war besonders der Fall in den drei staatlichen Gatterrevieren. Hier verdichtete sich der Besucherstrom in den letzten Jahren derart, daß dem Wild jede Ruhe genommen war. Selbst nachts.

Im Reinhardswald hatten sich sogar »Fremdenführer« aus den Reihen der einheimischen Bevölkerung aufgetan, die während der Nacht zur Zeit der Hirschbrunft die Fremden mit brennenden Stallaternen zu den Brunftplätzen führten, sich mit Leuten, die Wild photographieren wollten, in den für die Winterfütterung aufgesetzten Heuschobern über Nacht einnisteten. Verschlossen gehaltene Jagd- oder Waldarbeiterschutzhütten wurden erbrochen, um dort zu übernachten, Hochsitze wurden von Unbefugten besetzt. In den dichtesten Dickungen krochen Menschen herum, die Wege entlang der Wiesen waren zu jeder Tageszeit belagert, alles mit dem Wunsche, Wild zu sehen. Aber das arme Wild, welches wegen der Abgatterung nicht in andere Gegenden ausweichen konnte, getraute sich nirgends mehr in Ruhe zur Äsung, zog unstet im Walde umher und versuchte seinen Hunger durch Fichtenrinde zu stillen, wodurch die Schälschäden enorm anstiegen. Da blieb nun tatsächlich nichts anderes übrig, als die strengeren Bestimmungen über die Wildschutzgebiete anzuwenden.

Es wurden in ganz Hessen sieben Wildschutzgebiete geschaffen, von denen eines inzwischen wieder aufgegeben wurde, weil die Voraussetzungen dafür weggefallen waren. Jetzt bestehen folgende sechs Wildschutzgebiete, von denen die drei ersten im Staatsbesitz sind.

Der rund 9100 Hektar große abgegatterte Teil des Reinhardswaldes, welcher als Wildforschungsgebiet der forstlichen Fakultät der Universität Göttingen zur Verfügung gestellt ist, mit gutem Rot- und Schwarzwildstand.

Das Gatter Edersee mit rund 4900 Hektar Flächengröße. Neben Rot- und Schwarzwild beherbergt es noch geringere Bestände von Dam- und Muffelwild. Letzteres besitzt alle Vorzüge der reinen, nicht durch Einkreuzung anderer Wildschafarten zwecks Verbesserung der Schneckenbildung verfälschten Rasse, insbesondere ohne den leidigen Hang zum Schälen und Herumzigeunern mit Verursachen von Feldschäden. Der Edersee-Muffelwildstamm dient in erster Linie als Bezugsquelle für Muffelwild zum Aussetzen in anderen Waldgebieten. Die Abgatterung bietet die Gewähr, daß Fremdblut führendes Wild nicht zuwechseln und damit die Blutführung des einheimischen verschlechtern kann.

Das Rotwildgatter Kranichstein bei Darmstadt in einer Größe von 513 Hektar.

Das Revier Urberg mit einem eingegatterten Teil von 212 Hektar, in welchem Sikawild ausgesetzt wurde. Das Revier gehört dem Grafen von Schlitz gen. von Goertz, ebenso das nächste Wildschutzgebiet.

Breitecke, ein 1,7 Hektar großes Naturschutzgebiet, das nicht eingegattert als noch völlig ursprüngliches Auegebiet an der Fulda, Sammelbecken für Flugwild aller Art und biologische Zelle der Landschaft unter totalen Schutz gestellt wurde. In diesem Falle konnten die rechtlichen Bestimmungen über die Wildschutzgebiete zur Ergänzung derjenigen des Naturschutzes in wirksamer Weise angewendet werden.

Das Wildschutzgebiet Solms-Laubach als 547 Hektar großer Teil der dem Grafen Solms-Laubach gehörigen Gemarkung Laubacher Wald. Hier gilt der Schutz nur dem Muffelwild. Dessen Haupteinstände, in denen sich auch die Fütterungen befinden, sollen vor Störungen bewahrt werden. Das Betreten des Wildschutzgebietes ist außerhalb der öffentlichen Wege, welche diesen Revierteil nur am Rande berühren, während der Zeit vom 1. März bis 31. Juli und vom 1. September bis 30. November untersagt.

Die Erklärung zum Wildschutzgebiet wurde in allen Fällen für die Dauer von zwölf Jahren ausgesprochen. Da sie immer wiederholt werden kann, wurde mit Rücksicht auf die niemals voraussehbare landeskulturelle Entwicklung der infrage kommenden Landschaftsräume diese zeitliche Begrenzung eingeführt. Außerdem auch mit Rücksicht auf verpachtete Jagden, da auch die Zustimmung des Jagdausübungsberechtigten vom Gesetz gefordert wird.

Sofern öffentliche Straßen oder Wege Wildschutzgebiete durchschneiden, können kleinere, kürzere beschriftete Schilder an den erforderlichen Stellen innerhalb der Wildschutzgebiete angebracht werden. So wurde in Laubach das Betreten wegen der frühen Setzzeit des Muffelwildes bereits ab 1. März und im Revier Urberg das Verlassen der öffentlichen Wege in der Zeit vom 15. April bis 31. Juli und vom 15. Oktober bis 15. November gänzlich verboten. Im Naturschutzgebiet Breitecke wird mittels der Schilder die Untersagung jeglicher Jagdausübung während des ganzen Jahres bekanntgemacht.

Es ist sehr zu hoffen, daß unsere Bemühungen den Erfolg haben, über die aufgezeigten Wege dem Wilde seinen Lebensraum für alle Zukunft in dem nur irgend möglichen Umfange zu sichern. Und wenn man die jetzt vorhandenen rechtlichen Grundlagen wirklich nach allen Richtungen hin auch künftig und andernorts ausschöpft, wird es gelingen.

Kapitel 9 *Wilddichte, Wildschaden und Äsungsverbesserung im Wirtschaftswald*

Das Hauptproblem im Jagdwesen unserer Zeit dürfte wohl die Erhaltung eines den landschaftlichen Verhältnissen angepaßten, artenreichen und gesunden Wildstandes sein, wie es das Bundesjagdgesetz als Ziel der Hege vorschreibt. Wildschäden in der Land- und Forstwirtschaft sowie in der Fischerei sollen dabei aber möglichst vermieden werden. Dieses erscheint auf Anhieb nicht gerade leicht, ist aber bei gutem Willen erreichbar. Müde werden, ständig daran zu arbeiten, darf man allerdings nicht, denn die Lebensbedingungen für die Tiere in Wald und Feld verändern sich infolge der wirtschaftlichen Entwicklung immer schneller, so daß es – zumindest in unserem Lande – ursprüngliche Natur bereits nicht mehr gibt. Unser Wild muß heute sein Leben dem Wirtschaftswald und den Monokulturen des Feldes anpassen. Natürliche, ihm artgemäße Nahrung findet es fast gar nicht mehr, zumindest nicht in ausreichender Menge. Wir müssen diese deshalb quantitativ und qualitativ ergänzen und ausgleichen.

Diesem Problem sah ich mich in meiner beruflichen Praxis erstmalig gegenübergestellt, als mir im Herbst 1932 die Verwaltung des im Kerngebiet des Rotwildvorkommens im Odenwald gelegenen Forstamtes Beerfelden übertragen wurde. Da im ehemaligen Volksstaat Hessen die Landesforstverwaltung damals schon nach dem Einheitsforstamtssystem organisiert war, und zwar auch die Forst- und Jagdpolizei, unterstanden dem Forstamt Beerfelden rund 15 000 Hektar. 4800 Hektar waren als Gemeindejagden verpachtete Feldgemarkungen und 4600 Hektar von eigenen Forstverwaltungen bewirtschaftete Großprivatwaldungen. Die übrige forstliche Betriebsfläche setzte sich zusammen aus rund 1900 Hektar Staatswald, 1700 Hektar Gemeindewald, der sich auf 12 Gemeinden verteilte und nach althessischem Recht seit 1811 vom Staat und durch Staatsforstbeamte genau so bewirtschaftet wurde wie der Staatswald, sowie 2000 Hektar bäuerlicher Kleinprivatwald. Dieser verteilte sich auf rund 1800 Einzelparzellen im Besitz von etwa 420 Eigentümern und wurde von den Staatsforstbeamten mit betreut. Er war teilweise zu diesem Zweck in genossenschaftlicher Form zusammengefaßt. Die Besitzzersplitterung war also recht weitgehend, wozu noch die starke Gemenglage der verschiedenen Parzellen aller Besitzarten kam. Der Staat verfügte nur über zwei, räumlich voneinander getrennte, Eigenjagdbezirke von 650 und 500 Hektar, von denen letzterer mit der angrenzenden Gemeindejagd verpachtet war.

Die Voraussetzungen für eine Rotwildhege waren also nicht gerade günstig, die Wildschadensgefahr, insbesondere auch auf den Feldern, groß. Dazu kamen die mäßigen Äsungsverhältnisse. Der Boden im südöstlichen Odenwald ist nährstoff- und kalkarmer Buntsand. Zwar entfielen 10 Prozent der vom Staate bewirtschafteten Waldfläche noch auf Reste des früher die Hauptbestockung darstellenden Eichen-Hainbuchen-Niederwaldes, aber die Hochwaldfläche war zu 95 Prozent mit Nadelholz bestockt über artenarmer Bodenflora aus Heide-, Beerkraut und Ginster. Das Gelände ist stark gebirgig, 300 bis 550 Meter ü. M., das Klima rauh, Jahresdurchschnittstemperatur knapp 7 Grad, während der Vegetationszeit 13 Grad Celsius. Im Jahresmittel fallen an Niederschlägen 1100 bis 1200 mm, meist im Winter als Schnee.

Bei einer Rotwilddichte in dem beschriebenen Gebiet von durchschnittlich 5 Stück je 100 ha Waldfläche waren die Wildschäden in Wald und Feld nicht unerheblich. Da aber die Jagdpachten damals in die Kassen der Gemeinden flossen und einen beachtlichen Posten in deren Haushalten darstellten, wurde der auf den Feldern und im Wald verursachte Schaden nicht in dem Maße beachtet wie heute, sondern meist hingenommen. Schadenersatzforderungen hielten sich in erträglichen Grenzen, wobei die Schadensregulierung durch die Jagdpächter allgemein großzügig durchgeführt wurde.

Wegen dieser Rotwilddichte war eine waldbauliche Tätigkeit im modernen Sinne, insbesondere der Umbau der vielfach schneedurchbrochenen und nicht standortsgemäßen reinen Nadelholzbestände in Mischwald, der Anbau ertragssteigernder fremder Holzarten, wie der im südlichen Odenwald Hervorragendes leistenden Weymouthskiefer, der Douglasie, der Roteiche, die Wiedereinbürgerung der Buche, kaum möglich. Hätte man aber den Wildschaden durch Abschuß eindämmen wollen, so hätten die Abschußziffern in einer Höhe festgesetzt werden müssen, daß die Jagdpächter keinesfalls mitgezogen hätten. Von dem kleinen staatlichen Verwaltungsjagdbezirk von 650 ha her aber konnte man den Abschuß in einem Gebiet von 15 000 ha nicht regulieren. Wild wäre immer wieder zugewechselt, denn dieses Revier hatte mit seinen bevorzugten Einständen und Brunftplätzen seit jeher eine große Anziehungskraft. Aber Erwägungen solcher Art waren für mich von vornherein indiskutabel. Im übrigen aber war es von jeher und ist es heute noch meine Ansicht, daß eine radikale und plötzliche Verringerung der Wilddichte durch Abschuß als primäre Maßnahme zwar die einfachste und am wenigsten Kopfzerbrechen verursachende Methode darstellt, jedoch für jeden, der Wald und Wild als Einheit, den Wald nicht nur als Holzfabrik ansieht, wohl einen der schwersten und härtesten Entschlüsse bedeuten würde, ein solches Verfahren auch nur als ultima ratio anzuwenden, wenn alle anderen Versuche fehlgeschlagen wären. Bei der Suche nach anderen Mitteln und Wegen war zunächst die Frage zu prüfen, ob Gatterung zumindest der jüngsten Bestände gegen Verbiß und Schälen in Betracht kam. Das ist zwar nicht gerade billig, wohl auch einfach und wirksam, hat aber doch erhebliche Nachteile, von denen die Einengung des Lebensraumes und der Äsungsflächen jagdlich gesehen die größten sind. Eingatterungen auf großer Fläche wurden daher in Beerfelden unterlassen, lediglich ganz kleine Voranbaugruppen erstmalig neu eingebrachter Holzarten vorübergehend mit transportablem Maschendraht umstellt. Sonst wurde Einzelschutz der Mischhölzer mit billigstem Material durchgeführt. Mir schien das Wichtigste, daß bei Einbürgerung fremder Holzarten oder von Laubhölzern gleich von Anfang an große Flächen in Kultur gebracht wurden, um damit diesen Pflanzen schnell den Reiz der Seltenheit und Neuheit für das Wild zu nehmen. Gleichzeitig wurden neue Äsungsmöglichkeiten geboten, um das Wild von diesen Kulturen abzulenken und ihm die Möglichkeit zu geben, seinen Hunger auf andere Weise zu stillen. Deshalb ging Hand in Hand mit solchen Kulturen die Anlage von kleinen Wildäckern mit Kartoffeln, Hafer, Süßlupine, Mais auf Flächen, die im Rahmen des normalen Forstbetriebes kahlgeschlagen worden waren, nur 4 bis 6 Jahre vorübergehend als Wildacker genutzt werden sollten, um danach wieder der Holzzucht zu dienen. Gedüngt wurde der Boden dieser zeitweisen Wildäcker mit Nitrophoska und Thomasmehl. Die hierauf danach begründeten Kulturen wuchsen vorzüglich, die wenigen während der Wildackerzeit verlorenen Zuwachsjahre wurden durch die im Boden zurückgebliebenen Nährstoffe und das dadurch bedingte schnellere Wachstum ausgeglichen. Für große Wildackerflächen bin ich nicht, da deren Anlage auch nicht billiger als die Eingatterung großen Stils gewesen wäre. In der staatlichen Verwaltungsjagd von 650 ha waren nur etwa 2 Hektar in zahlreichen kleineren Flächen, verstreut über das Revier, je nachdem Platz dafür verfügbar war, solche vorübergehende Wildäcker. Daneben wurden außerdem zur Holzabfuhr nur periodisch benutzte Erdwege eingesät mit einem Gemenge von Süßlupine, Serradella, Wicke und Buchweizen, ferner mit süßen Gräsern und Klee, es wurden kleine Remisen Sachalinknöterich begründet, an Waldrändern Brombeerhecken gepflanzt, vorhandene geschont, dasselbe geschah mit Sträuchern, Ginster und sonstigem »forstlichen Unkraut«, wo dieses den Kulturen weiter keinen Abbruch tat. In den Forstkulturen selbst wurden die Forstpflanzen mit Spritz- und Schmiermitteln geschützt, zwischenwüchsiges Gras und Unkraut aber nur dann ausgeschnitten, wenn es die Nutzpflanzen bedrängte. Im übrigen verblieb es dem Wilde zur Äsung.

Ebenso wurden Eichenniederwaldschläge nurmehr dort umgewandelt, wo sie keinen befriedigenden Rindenertrag mehr erbrachten, rentable Stockschläge dagegen sogar durch Eichenstummelpflanzung ergänzt und neue auf Hochspannungsleitungsaufhieben, wo Hochwald nicht mehr nachgezogen werden durfte, begründet. Die Ausschläge und Knospen der Stocklohden sowie die unterständigen zarten Gräser stellen eine sehr beliebte Wildäsung dar, und der Gerbsäuregehalt der Eichen befriedigt den Bedarf des Wildes an Wirkstoffen oder Spurenelementen, die es sich andernfalls mittels Schälen zu verschaffen sucht. Ich halte es übrigens für falsch, die Schälsucht auf üble Gewohnheiten, Unarten oder Langeweile des Wildes zurückzuführen, sondern die Ursache ist einfach ein Mangel, dem das Wild abzuhelfen sucht. Daß bei dem Hunger nach diesen Wirkstoffen ein Stück das Schälen von dem anderen lernt, ist verständlich, aber das geschieht nicht aus Böswilligkeit, sondern aus einfacher Not. Bei aller Tierliebe darf man schließlich nicht soweit gehen, das Tier zu vermenschlichen, ihm menschliche Gedankengänge zu unterstellen. Das Tier kennt weder gut noch böse. Es will einfach leben und wird erst durch menschliche Einwirkung zu Lebensäußerungen gezwungen, die uns unangenehm sind. Jedes Tier ist von Hause aus »gut« im menschlichen Sinne, auch jedes Haustier. Man kann wirklich in Abwandlung des bekannten Sprichwortes sagen, daß jeder das Tier hat, das er verdient.

Die vorstehend geschilderten forstlichen Maßnahmen wurden nicht nur in der Verwaltungsjagd durchgeführt, sondern auch in den verpachteten zu gemeinschaftlichen Jagdbezirken gehörenden Staatswaldparzellen. Das halte ich auch ohne weiteres für gerechtfertigt, denn aus der forstlichen Sicht des Waldeigentümers dienen sie der Vorbeugung und dem Schutz gegen Wildschaden. Jede Maßnahme der Äsungsverbesserung ist angewandter Forstschutz und dient der forstlichen Ertragssteigerung. Deren Wirkung wäre aber stark abgeschwächt worden, wenn nicht erfreulicherweise auch fast alle Jagdpächter Wildäcker bebaut hätten wie in der staatlichen Verwaltungsjagd. Außerdem wurden überall im ganzen Rotwildgebiet Lecksteine ausgelegt.

Dieses alles waren »Sofortmaßnahmen«. Darüber hinaus mußte aber auch auf lange Sicht geplant werden. Wegen reichlichen Mastertrages und Stockausschlagvermögens, wobei als forstliche Gesichtspunkte Schnellwüchsigkeit, bodenpflegliche Eigenschaften, Absicherung windgefährdeter Waldränder dazu kamen, wurde die Roteiche in größerem Ausmaße angebaut. Mastbringende Alteichen- und Altbucheneinzelstämme blieben an Wegerändern oder wo sie sonst nicht störend auf Nachbarbestände wirkten, vom Hiebe verschont. Weichlaubhölzer wurden erhalten, wenn dieses waldbaulich irgendwie angängig erschien, Roßkastanien, Ebereschen und Wildobst an Wegen und Schneisen angebaut. Alles dieses geschah aber immer nur dann, wenn es nicht nur jagdlich, sondern auch forstlich zu verantworten war, im Zuge normaler Arbeiten ohne nennenswerte zusätzliche Aufwendungen. Möglichkeiten dieser Art gibt es bei aller gebotenen Sparsamkeit in einem modernen forstlichen Großbetrieb immer und zur Genüge.

Als ich nach siebenjähriger Tätigkeit Beerfelden auf Grund meiner Versetzung in den Reichsdienst verlassen mußte, waren bei einem Rotwildstande von durchschnittlich 4 Stück je 100 ha Waldfläche und einem annähernden Geschlechterverhältnis 1:1 die Wildschäden ganz erheblich zurückgegangen. Neben dem Rotwild war noch ein recht guter Rehwildstand vorhanden. Rehwildschaden fällt aber in einem Rotwildrevier sowieso kaum ins Gewicht. Das Rehwild spielt dort eine untergeordnetere Rolle. In Gegenden mit beschränkter Äsung wie im südöstlichen Buntsandstein-Odenwald weicht es dem Rotwild nach Möglichkeit aus. Es nimmt seine Einstände mehr an den Wald-Feldgrenzen; aber auch auf dem Felde tritt sein Schaden gegenüber dem Rotwildschaden fast ganz zurück. Der Rehwildbestand auf meiner Verwaltungsjagd war verhältnismäßig gut. Er betrug etwa 1 Stück auf je 20 ha bei einem Geschlechterverhältnis von 1:1. Die Gehörnbildung der Böcke hatte sich sichtlich gebessert.

So war der Stand der Dinge, als zwei Monate nach meinem Abschied aus Beerfelden der Krieg ausbrach. Wie aber stellten sie sich an seinem Ende dar? Ich darf bei dem Beispiel des Forstamtes Beerfelden bleiben, weil ich das Glück hatte, nach achtjähriger Abwesenheit im Jahre 1947 die Verwaltung dieses Forstamtes für einige Jahre wieder übernehmen und Erfolge und Mißerfolge der von mir eingeleiteten Maßnahmen mit dem notwendigen Abstand und größerer Erfahrung selbstkritisch beurteilen zu dürfen. Kriegswichtigere Aufgaben, Personalwechsel und -mangel, Beschaffungsschwierigkeiten aller Art hatten die Weiterführung der von mir eingeleiteten jagdlichen Pflegemaßnahmen gestört oder ganz unmöglich gemacht. Die Zeiten nach 1945 hatten den sorgfältig gehegten Wildstand ruiniert, sein Gefüge zerstört. Jeder auf dem Felde wahrnehmbare Wildschaden hatte gräßliches Geschrei zur Folge. Das war vielleicht noch zur Zeit der ungehemmten Schwarzwildvermehrung einigermaßen gerechtfertigt, wurde nun aber zu

Lasten des Rotwildes weiter erhoben, nachdem die Sauen inzwischen wieder seltene Gäste in den Revieren geworden waren.

Zahlenmäßig war die Rotwilddichte so zurückgegangen, daß ungefähr auf 100 ha Waldfläche 1 Stück entfiel. Dementsprechend hatte sich natürlich auch der Wildschaden allgemein verringert. Besonders gefährdete Feldgemarkungen wurden überdies in den Jahten um 1950 abgegattert, das Wild damit also in verstärktem Maße auf die Äsung im Walde verwiesen. Trotzdem darf festgestellt werden, daß dort, wo die beschriebenen Äsungsverbesserungen vor dem Kriege eingeleitet worden waren, älterer Schaden in den Beständen kaum merkbar erschien. Der Zustand der damaligen Kulturen war auch nach dem Kriege sehr gut. Neuere Schälschäden waren wenige zu finden, bei dem starken Abschuß in den Jahren nach 1945 auch kein Wunder. Diese Wildverluste schnellstens auszugleichen, das Geschlechterverhältnis wieder auf etwa 1:1 sowohl beim Rot- als auch dem Rehwilde zu bringen, betrachtete ich als vordringlich. Da die Wilddichte eine Funktion der Äsungsgrundlage ist, mußte diese erneut erweitert werden. Dazu boten sich die vor dem Kriege beschrittenen erfolgreichen Wege wieder an, wobei ich jedoch fast von vorne anfangen mußte. Leider hatte ich für diese Arbeit infolge meiner Versetzung in das damalige hessische Ministerium für Landwirtschaft und Forsten im Jahre 1953 nur sechs Jahre Zeit gehabt, aber da mir dort neben anderen Aufgaben auch das Jagdreferat übertragen wurde, bestand für mich nunmehr die Möglichkeit, jetzt im ganzen Lande Hessen im gleichen Sinne zu wirken. Bemerken muß ich noch, daß meine Nachfolger in Beerfelden ein sehr erfreuliches Verständnis für meine Ideen bewiesen. Sie führten die eingeleiteten Äsungsverbesserungsmaßnahmen sorgfältig und erfolgreich weiter.

Auf Grund der im eigenen Forstamt gewonnenen Erfahrungen arbeitete ich auf meiner Dienststelle in Wiesbaden dann einen Runderlaß an alle nachgeordneten Dienststellen aus, dessen wesentliche Punkte hier angeführt seien:

1. Bepflanzung von Wege- und Schneisenrändern mit Roteiche, Roßkastanie, Eberesche, Wildobst; letzteres auch an Wiesen- und Feldrändern.
2. Anbau von Sträuchern, wie Schneeball, Holunder, Brombeere

u. a. als Hecken an Bestandesrändern (zugleich zum Schutz der Bestände gegen Randschäden).

3. Bepflanzung von Böschungen, Halden, forstlich nicht genutzten Blößen mit Akazie, Erle, Aspe, Salweide, Himbeere, Brombeere, Ginster, *Sachalin*knöterich.

4. Erhaltung von Heide- und Beerkraut sowie Gras und Unkraut aller Art, dort wo es forstlich unschädlich ist, ebenso der Weichhölzer, insbesondere der Aspe.

5. Leichte Düngung, vor allem Kalkung, von Graswegen, Wegeböschungen, notfalls Einsaat von Gras- und Kleesamen, an den Rändern Süßlupine.

6. Nutzbarmachung der zunehmenden ertragslosen Leitungsaufhiebe als Äsungsflächen, soweit diese nicht zur Christbaumzucht, Anlage von Samenplantagen u. ä. geeignet sind. Da im allgemeinen nur ein schmaler Streifen unmittelbar unter der Stromleitung ganz frei bleiben muß, im übrigen aber ein Anbau von Pflanzen bis zu etwa 7 Meter Höhe gestattet ist, sind hier Äsungspflanzen anzusiedeln. Dabei sei besonders auf die Salweide hingewiesen, die sich für diesen Zweck hervorragend eignet. Sie enthält Bitterstoffe ähnlich denen der Rinde unserer Wirtschaftsholzarten und erscheint daher geeignet, den Schälschaden herabzumindern. Mit ihrem Anbau werden außerdem die Interessen der Imker sehr gefördert. Im Zusammenhang hiermit sei auch noch das Weidenröschen erwähnt, das zu jeder Jahreszeit gern vom Schalenwild angenommen wird. Auch die Sauen brechen nach den Wurzeln. Es gedeiht auf lichten Schlägen und ist dort, wo es nicht vorkommt, leicht einzubürgern. Der mit einem Büschel feiner, weicher Haare versehene Samen wird durch den Wind leicht verweht. Einige Handvoll dieses Samens werden auf einen Leitungsaufhieb ausgestreut, und nach einigen Jahren sind alle unbestockten Stellen des Aufhiebes mit Weidenröschen bestanden. Werden solche Weidenröschenflächen nach der Blüte im Herbst gemäht, dann bilden die gleich danach ausschlagenden Triebe eine gute Winteräsung für das Wild.
   Außerdem eignen sich diese Aufhiebe teilweise auch zur Anlage von regulären Wildäckern, für die allerdings erhöhte Anlagekosten aufgewendet werden müssen.

Für die Kosten der Schaffung zusätzlicher Äsung, die nur mäßig sein dürften, wenn in der vorstehend angedeuteten Weise vorgegangen wird, wurden in kommenden Jagdjahren Mittel zur Verfügung gestellt.

Dieser Erlaß hat weit über den zunächst angesprochenen Kreis der Dienststellen der Staatsforstverwaltung hinaus in Hessen selbst und den anderen Ländern als »Hessischer Äsungserlaß« eine sehr erfreuliche Resonanz gefunden. Er wurde auch so verstanden, wie er gemeint war, nämlich zunächst nur als Anregung zur Erweiterung der Äsungsgrundlage innerhalb des Waldes. Den Anspruch auf Vollständigkeit der Aufzählung der zu empfehlenden Maßnahmen wollte er gar nicht stellen. Das wäre in der Form auch nicht möglich gewesen. Ich glaube aber, daß er dazu beigetragen hat, das Augenmerk der Jägerschaft überhaupt auf das ganze Problem zu lenken. Heute wird erfreulicherweise die Äsungsfrage in den Spalten der Jagdpresse in einem Umfang und mit einer Selbstverständlichkeit diskutiert, wie es vor dem Kriege undenkbar war. Verschärft wird heute der ganze Komplex durch die ständige, immer schnellere Reduzierung des Äsungsangebotes durch den Strukturwandel unserer gesamten Landschaft, dessen Ende nicht absehbar ist. Jetzt ist es tatsächlich die vornehmste waidmännische Pflicht aller Jagdinhaber und -berechtigten geworden, einerlei ob in Wald oder Feld, ob Staat, sonstige öffentlich-rechtliche Körperschaften oder Private, sich diesem Strukturwandel schnellstens anzupassen, will man unser Wild erhalten, indem man mit allen Mitteln seine Ernährungsgrundlage zu sichern versucht. Das kann im wesentlichen nur durch Schaffung natürlicher Äsung geschehen, nicht etwa durch künstliche Fütterung. Solche ist im Winter selbstverständlich, im übrigen auch gesetzlich verankert. Anleitungen hierzu sind in genügender Zahl herausgegeben, wobei die des Deutschen Jagdschutzverbandes e. V. hier besonders hervorzuheben ist. Worauf es ankommt, ist es aber, dem Wilde das ganze Jahr hindurch Äsung zu sichern, vor allem auch damit es innerhalb seiner Einstände, also im oder unmittelbar am Walde seinen Nahrungsbedarf decken kann und nicht gezwungen ist, das auf Feldflächen oder in den Waldbeständen an Kulturpflanzen zu tun und damit Wildschaden zu verursachen. Völlig wird sich solcher Schaden zwar niemals vermeiden lassen, aber er kann auf ein Minimum herabgedrückt werden und darf keine wirtschaftlichen Nachteile stark fühlbarer Art verursachen. Geringe Schäden müssen mit Rücksicht auf die Erhaltung des biologischen Gleichgewichtes zugunsten des Wildes als Glied der Lebensgemeinschaft in Kauf genommen werden. Außerdem, wer als Feld- oder Waldbesitzer die Jagd selbst ausüben oder durch Verpachtung nutzen will, der muß einen gewissen Wildschaden ertragen. Das ist überhaupt kein »Schaden« im eigentlichen Sinne, sondern es sind Aufwendungen, die für ein Vergnügen, eine Liebhaberei oder zur Erzielung eines angemessenen Jagdpachtertrags zu leisten sind, wie sie in ganz anderen Größenordnungen auf anderen Gebieten widerspruchslos aufgebracht werden. Der gleiche Grundsatz gilt für die Jagdgenossenschaften gemeinschaftlicher Jagdbezirke, die einerseits hohe – teilweise ungewöhnlich hohe – Pachterträge einkassieren, andererseits für die Ernährung des Wildes nichts aufbringen wollen und ständig über Wildschaden klagen. Wenn zudem heutzutage jede kleine Landgemeinde den Ehrgeiz hat, sich »Luftkurort« zu nennen, aus dem Fremdenverkehr zusätzliche Einnahmen zu ziehen, dann spielt auch hierbei das Wild eine Rolle. Die Menschen, welche in der Stille und Abgeschiedenheit auf dem Lande Erholung suchen, sind Naturfreunde, sie wollen bei ihren Spaziergängen auch einmal Wild sehen. Dazu muß aber Wild da sein und auf Wiesen und Felder austreten können. In diesem Zusammenhang ist aber auch hervorzuheben, daß eine Anzahl hessischer waldbesitzender Gemeinden bei der Verpachtung ihrer Jagden in den letzten Jahren bereits in den Pachtverträgen einen bestimmten Teil des Pachtzinses zweckgebunden für Äsungsverbesserung festgelegt hat. Eine solche Einstellung zur Jagd ist hoch anzuerkennen und vorbildlich, zeugt außerdem von Verständnis und Einsicht, ebenso, daß hessische Privatwaldbesitzer der Anregung zur Verbesserung der natürlichen Äsung in ihrem Walde bereitwillig gefolgt sind.

Grundlage aller Erwägungen über Äsungsverbesserungsmaßnahmen ist zunächst einmal die tragbare Wilddichte. Wie hoch diese sein darf, wird nach oben begrenzt durch den Beginn von echtem Wildschaden, nach unten durch eine Bestandsziffer, welche die aussichtsreiche Bejagung gerade noch zuläßt. Daß sie von der verfügbaren Äsung abhängig und durch deren Vermehrung verstärkbar ist, wurde bereits an anderer Stelle ausführlich dargelegt. Inwieweit die Wilddichte tragbar ist, kann in absoluten Zahlen nur angegeben werden auf Grund örtlicher Erfahrungen und Ermittlungen, denn sie wird nach Landschaften sehr unterschiedlich beeinflußt durch Klima, Standort, Agrarstruktur und artenmäßige Zusammensetzung. Sie braucht sogar innerhalb eines in seiner Struktur einheitlichen Gebietes nicht einheitlich zu sein, kann und wird vielmehr wechseln, da sich das Wild selten über eine größere Fläche gleichmäßig verteilt, sondern in bevorzugten Einständen konzentriert. In diesen muß aber dann auch das Schwergewicht der Äsungsverbesserungsmaßnahmen liegen. Es soll aber nochmals betont werden, daß besonders bei deren Anlaufen kleine Gatter, chemische und mechanische Wildschutzmittel unvermeidbar sein können. Auch soll nicht unterlassen werden, auf die Möglichkeit hinzuweisen, daß auch der Feldeigentümer Scheuchen und Verwitterungsmittel anbringen kann, obwohl diese nur eine begrenzte Zeit helfen. Ein Jagdpächter aber kann im Notfalle das Seinige beitragen, indem er durch seine Jagdaufseher das Wild von stärker gefährdeten Teilen der Feldmark insbesondere nachts vertreiben läßt, wobei kleinere Hunde, bei denen die Gefahr weiter Hetzen nicht zu befürchten ist, gute Dienste tun. Im Rotwildgebiet des Odenwaldes bei den früher erheblich höheren Wildständen als heute wurden von den Jagdpächtern sogar eigens zum Wildscheuchen sogenannte »Wildhüter« aus den Dörfern bezahlt, die bei Dunkelheit mit Stallaternen und Lärmgeräten auf der Feldmark herumgingen und das Wild von den Äckern trieben.

Da der Wald nun einmal die Heimat fast aller unserer Hochwildarten ist, obliegt die Bereitstellung ausreichender Wildäsung in erster Linie dem Waldeigentümer, einerlei ob er die Jagd in Eigenregie ausübt oder verpachtet. Im letzteren Falle wird der Pächter sich zweifellos auch, wenigstens finanziell, beteiligen müssen. Zu jedem größeren Waldbesitz gehören sogenannte »Nichtholzbodenflächen«. Diese bieten sich zur Anlage von Wildäckern und Wildwiesen an, für die Wildäsung zweifellos sehr wertvoll, sofern sie sich eignen, was bei den in der Anlage recht kostspieligen Äckern seltener der Fall ist als bei Wildwiesen. In Höhen über

500 Meter oder Witterungsunbilden besonders ausgesetzten Lagen kommen Äcker kaum in Frage, da hier der Ertrag zu den Anlage- und Pflegekosten in einem nicht mehr vertretbaren Mißverhältnis stehen würde. Wildäcker gar in einem Ausmaß anzulegen, daß sie den Nahrungsbedarf eines normalen Rotwildbestandes decken, wäre schlechterdings aus den mannigfachsten wirtschaftlichen Gründen undurchführbar. In neuerer Zeit kommt die Knappheit an Arbeitskräften für deren Bewirtschaftung dazu. Wildäcker sind deshalb in erster Linie für die Produktion hochwertigen Zusatzfutters in Betracht zu ziehen, wie für Hafer, Ackerbohnen, Erbsen, Landsberger Gemenge, Rübenarten, Markstammkohl, Furchenkohl, Süßlupine, Serradella.

Wildwiesen haben im Vergleich zu Äckern den Vorteil, daß ihre Bewirtschaftung einfacher und billiger ist, daß auch in Hochlagen und im Gebirge meist genügend Wiesenflächen bereits vorhanden sind. Sollen diese aber für die Wildäsung von Bedeutung bleiben, dann müssen sie dauernd in ordentlichem Stande gehalten werden. Im allgemeinen sind oder waren im Forst eingesprengte Wiesen an Landwirte verpachtet, die sie instandhielten. Neben der Nutzung auf Heu und Grummet oder als Viehweide bieten sie dem Wild immer noch hinreichende Äsung. In neuerer Zeit haben aber viele Wiesenpächter die Vieh- und Pferdehaltung aufgegeben und deshalb weiterhin kein Interesse mehr an der Nutzung und Pflege von Wiesen. Sie geben sie dem Eigentümer zurück, der dann meistens mit ihnen nicht viel anzufangen weiß. Er forstet sie mit Fichten auf, wandelt sie in Fischteiche um, was alles der Wildäsung nichts nützt. Bleiben sie aber etwa aus landschaftsbedingten Gründen einfach liegen, dann verwildern sie, wie alle Wiesenbrache, sehr schnell, sobald Wasserführung und Düngung aufhören. Binsen, saure Gräser, Moose stellen sich ein. Die Grasnarbe verfilzt, wenn sie nicht mehr regelmäßig gemäht oder abgeweidet wird. Anflug der verschiedensten Strauch- und Baumarten kommt an, sehr bald entstehen neue Waldflächen, eine Entwicklung, die nicht nur für die Ernährung des Wildes, sondern auch vom Standpunkt der Landschaftspflege aus, zumal in Landschaftsschutzgebieten, unerwünscht ist. In der hessischen Staatsforstverwaltung versucht man dem vorzubeugen, indem solche Wiesen von den Forstämtern in

Eigenregie bewirtschaftet werden. Das Futter wird in Silos eingelagert oder auch als Heu oder Grummet getrocknet, draußen aufgesetzt und dann nach Bedarf dem Wilde dargeboten. Mit der Silage sind sehr gute Erfahrungen gemacht worden, sogar das Schwarzwild nimmt Gärfutter gerne an. Silieren kann man außer Gras auch Kräuter, frisches Laub, junge Brombeer- und Himbeertriebe, Rübenblätter und anderes. Das Wild nimmt das alles an. Die Silos, sowohl feststehende aus Beton oder Holz, verstellbare aus Draht oder auch Erdgruben, haben sich gleicherweise bewährt. Sie sind nicht allzu teuer und überall im Walde unauffällig hinzustellen.

Wenn es, wie neuerdings mancherorts schwer ist, Leute für das Abmähen der Wiesen zu bekommen, bleibt auch als Ausweg die zeitweise Vergabe als Viehweide – wobei allerdings Wasser vorhanden sein muß – flächenweise und turnusmäßig hintereinander, um dem Wilde immer Wiesenteile, auf denen kein Weidevieh steht, zur Verfügung zu halten. Das Abweiden ersetzt das Abmähen. Das Wild steht gerne auf abgeweideten Wiesenflächen, manchmal sogar mitten zwischen dem Vieh.

Die Aufgabe bisher landwirtschaftlich genutzter Flächen, die sogenannte Sozialbrache, wird weitergehen, denn der Strukturwandel der Agrarwirtschaft ist bisher keineswegs abgeschlossen. Nach der Bodennutzungserhebung 1973 wurden in der Bundesrepublik 271 800 ha nicht mehr bewirtschaftet, 6600 ha oder 16,8 Prozent mehr als im Vorjahr. Die Sozialbrache nahm damit 1,1 (1972: 1,0) Prozent der gesamten Wirtschaftsfläche des Bundesgebietes ein. Die landwirtschaftlich genutzte Fläche ging gleichzeitig um 51 000 ha oder 0,4 Prozent auf rund 13,429 Millionen ha oder 54,2 (54,4) Prozent der gesamten Wirtschaftsfläche zurück.

Einfacher, schneller und meist auch billiger lassen sich ausreichende und vielseitige, naturgemäße Äsungsmöglichkeiten im Walde und in Verbindung mit dem Forstbetrieb schaffen. Hier liegt das eigentliche Tätigkeitsfeld des sein Wild pflegenden Forstmannes, und hier erwächst den Forstverwaltungen, vorab denen des Staates, eine lohnende Aufgabe, welche weder finanziell noch personell übermäßige Aufwendungen erfordert. Der Äsungsverbesserung innerhalb des Waldes ist große Bedeutung beizumessen, weil einerseits das Wild vom Austreten auf die Feldmarken zurückgehalten wird, andererseits bei hinreichender Äsungsgelegenheit – die Basis läßt sich in einem Forstrevier seitens des Waldbesitzers und gegebenenfalls auch im Einvernehmen mit diesem seitens des Jagdpächters beinahe beliebig verbreitern – dem Verbiß und dem Schälen der Forstpflanzen Grenzen gesetzt werden können. Es bedarf hierfür auch keiner wesentlichen Flächen, obwohl in jedem größeren Forstbetrieb verwaltungsmäßig zugehörende landwirtschaftlich nicht mehr genutzte Äcker und Wiesen, wie z. B. ehemaliges Dienstland, zu finden sind. Ebenso Leitungs- und andere Aufhiebe, für den Anbau von Wirtschaftsholzarten nicht nutzbare Hänge, Böschungen, Geröllhalden, aufgegebene Steinbrüche und Sandgruben oder aufgelassene Saat- und Pflanzkämpe. In den Beständen bieten sich durch Düngung, Unter- und Zwischenbau, Bepflanzung von Bestandes- und Wegerändern, Begrünung von Erdwegen und Schneisen genug Möglichkeiten, ebenso durch Belassung von Weichhölzern, wie Aspen, Weiden, dem sogenannten Proßholz, Neuanbau solcher und von Wildobst, Robinie, Roßkastanie, Eberesche, Überhalt von Mastbäumen, Waldfeldbau auf Forstkulturflächen, Zwischenbau von Getreide in Kulturen. Werden diese weitständig gepflanzt, dann stellt auch die zwischenständige Gras- und Krautflora wertvolle Wildäsung dar. Ein entsprechender Betriebsablauf, etwa des Einschlages zeitlich derart, daß Weichhölzer, Tanne und schwächere Kiefern im Winter gefällt werden, daß auch in Schlägen älterer Kiefern die dünnrindigen Stammteile zunächst liegen bleiben und erst später geschält werden, wirkt sich günstig aus. Vor allem Rotwild nimmt einen großen Teil der Rinde vorher weg. Die Befürchtung, es dadurch erst ans Schälen zu gewöhnen, ist unbegründet. Man kann es im Gegenteil auf diese Weise vom Schälen der stehenden Bestände abhalten.

Wenn derartige Äsungsverbesserungsmaßnahmen zunächst unmittelbar dem Wildstand zugute kommen, so mittelbar aber auch dem Walde selbst. Nicht nur, daß sie Schäden verringern, sondern sie wirken sich auch forstbetrieblich günstig aus. So z. B. steigert Kalkdüngung in Stangenhölzern das Wachstum des Bestandes, zugleich findet sich auf dem Boden eine artenreiche Krautflora als Wildäsung an. Der Unterbau von Kiefernbaumhölzern mit Roteiche, Robinie oder Hainbuche verbessert den Boden und gibt dem Wilde Verbißmöglichkeit. Haben die Unterbauholzarten erst einmal Fuß gefaßt, dann vertragen sie auch wegen ihres guten Regenerationsvermögens den Verbiß. Zwischenbau von Aspe und Graupappel, die beide Wurzelbrut bilden, in Kulturen und angehenden Dickungen erhöht den Holzertrag durch den starken Zuwachs dieser Baumarten, füllt Bestandeslücken aus und lenkt das Wild vom Verbeißen und Schälen der Hauptholzarten ab. Ihr Anbau an Bestandesrändern im Verein mit Sträuchern schafft im Bestandesinneren Luftruhe und damit ein dem Holzwachstum günstiges Lokalklima. An Wegeböschungen fördert er deren schnelle Befestigung, hier vornehmlich Robinie und Weißerle durch Wurzelbrut. Roterlenbeimischung reichert wegen ihrer Wurzelknöllchenbildung den Boden mit Stickstoff an, ebenso Dauerlupine. Roteiche bietet an Bestandesrändern nicht nur Schutz gegen Windwurf oder Bruch, in Nadelholzrevieren als Randstreifen oder in schmalen Bändern zu deren Aufgliederung gegen Sturm- oder Waldbrandschäden, sondern sie ist jagdlich so wertvoll, weil sie frühzeitig, etwa vom Alter 30 ab, fruktifiziert, die Eicheln ein hochwertiges Wildfutter darstellen und weil nach Durchforstungen aus den Stöcken reichlich Ausschläge kommen, welche vom Wild sehr gern abgeäst werden. Ein bis zwei Jahre Waldfeldbau auf Kulturflächen kann auf verschiedenen Böden für deren Vorbereitung günstig sein. Streifenweiser Zwischenbau von Hafer oder Waldstaudenroggen in Jungkulturen erleichtert die Unkrautbekämpfung, abgesehen von dem günstigen Einfluß der in all diesen Fällen notwendigen Mineraldüngerbeigabe auf den Wuchs auch der Holzpflanzen. Einsaat von Klee, sofern er nach Düngung mit Thomasphosphat oder Kalk sich nicht schon von allein einfindet, auf Erdwegen begünstigt deren Festigung. Die verhältnismäßig geringen Kosten für alle solchen Maßnahmen brauchen den Jagdetat darum nicht wesentlich zu belasten, denn sie werden durch Einsparungen bei der Schadensverhütung, der Kulturreinigung, dem Wegebau auf dem forstlichen Haushaltssektor aufgewogen. Die Belassung von masttragenden Alteichen und Buchen, von Ahorn, Eschen, Hainbuchen, Roßkastanien, Linden, Weiden, Aspen, Ebereschen, Akazien, Hirschholunder, Ginster an den Wegen und Schneisen kostet überhaupt nichts, sondern hat überdies teilweise noch erwünschte andere Nebenwirkungen. So sind Eberesche und Beerensträucher für den Vogelschutz und damit indirekt die Schädlingsbekämpfung von Bedeutung. Weiden, Akazien, Ahorn, Wildobst – dessen Neuanbau oder Erhaltung besondere Förderung verdient – sind zusätzlich als Bienenweide sehr nützlich. Die Imker führen schon lange Klage, daß die moderne Forstwirtschaft solche Baumarten nicht mehr hochkommen läßt.

Mittels der vorstehend aufgeführten Maßnahmen läßt sich, gemessen an forstwirtschaftlichen Zeiträumen, schnell eine Erweiterung der Äsungsgrundlage erreichen, mindestens durch Erzielung einer stärkeren Krautflora. Die Verschonung von Bäumen und Sträuchern vom Aushieb ist einfacher und billiger als deren etwaiger Neuanbau. Dieser erfordert nicht nur eine gewisse Zeit, sondern – wenn vielleicht auch nur vorübergehenden – Schutz gegen das Wild entweder durch Eingatterung, chemischen oder mechanischen Flächen- oder Einzelschutz als Starthilfe. Haben sie erst einmal Fuß gefaßt und, was ganz besonders für die Einbringung von im Revier bisher fremden Baumarten gilt, den Reiz der Neuheit für das Wild verloren, dann können Schutzvorrichtungen größeren Ausmaßes aufgegeben werden.

Den zum Schutz von Kulturen heute wieder sehr verbreiteten Drahtgattern haftet neben den bereits genannten Nachteilen noch die Eigenschaft an, daß sie, wenn sie nicht ständig überwacht und rechtzeitig abgeräumt werden, Wildfallen übelster Art darstellen. Die Verdrahtung oder Einzäunung ausgedehnter Kulturflächen erübrigt sich fast stets, wenn man gleichzeitig dem Wilde andere Möglichkeiten zur Stillung seines Hungers erschließt. Um es auch tatsächlich mit Erfolg von den Kulturen abzulenken, sollten deshalb die kurzfristigen Maßnahmen der Äsungsverbesserung Hand in Hand mit der Begründung von Jungwuchsflächen gehen. Hierdurch entstehende Kosten werden durch Einsparungen an Gatter- oder sonstigen Schutzkosten ausgeglichen. Daß dieses in der Praxis möglich ist, konnte ich bei zahlreichen Lehrwanderungen in meinem früheren Forstamt Beerfelden im Odenwald beweisen. Dabei hatte eine beachtliche Anzahl von Forstleuten Gelegenheit, sich durch eigenen Augenschein davon zu überzeugen, wie niedrig der

Wildschaden selbst in einem guten Rotwildrevier zu halten ist, wenn man etwas für die Äsungsverbesserung unternimmt, daß man dann auch ohne nennenswerte Eingatterungen auskommen, aber trotzdem gute Kulturen begründen kann. Nur in einem Falle hatte auch ich nicht auf ein größeres Gatter verzichtet, und zwar in einem verpachteten Revierteil, in dem der Staat eine mehrere Hektar große seitherige Ackerfläche erworben hatte, die mit Rot- und Traubeneichen aufgeforstet wurde. Aber auch hier verschwand das Gatter, nachdem die jungen Pflanzen dem Geäse des Wildes entwachsen waren. Dabei ist auch nicht zu übersehen, daß es sich nicht um seitherigen Wald, sondern um eine Umwandlungsfläche handelte, die zunächst einmal überhaupt biologisch Wald werden mußte.

Unter Umständen kann es im übrigen in besonders gelagerten Fällen aber auch einmal notwendig werden, bis die eingeleiteten Äsungsverbesserungsmaßnahmen zum Tragen kommen, einen Reduktionsabschuß vorzunehmen. Wenn sich die Äsungsverbesserung auszuwirken beginnt, kann der Wildbestand allmählich zur ehemaligen Höhe wieder herangehegt werden, unter Umständen sogar darüber hinaus. Gelingt es, das Wild an das Revier oder Gebiet zu fesseln, weil ihm die dortigen Lebensbedingungen besonders zusagen, dann muß alles getan werden, um diesen günstigen Zustand dauernd beizubehalten. Weil die zulässige Wilddichte nun einmal in erster Linie von der Äsungsgrundlage abhängt, um sie in der gewünschten Höhe zu erhalten, vor allem bei der Neigung des Rotwildes, in andere ihm zusagende Einstände auszuwechseln, müssen gegebenenfalls in geeigneten Revieren oder Gebieten Schwerpunkte der Äsungsverbesserung angelegt werden, beispielsweise inmitten ruhiger Dickungskomplexe Dauergrünlandflächen. In diesem Sinne ist bisher im hessischen Staatswald schon sehr viel getan worden und geschieht dank der Aufgeschlossenheit der örtlichen Forstbeamten auch weiterhin. Zusätzliche Mittel wurden ebenfalls hierfür bereitgestellt. Daher darf festgestellt werden, daß die Staatsforstverwaltung beispielgebend vorangegangen ist, so wie es ihr meines Erachtens als größtem Wald- und Eigenjagdbesitzer des Landes auch obliegt. Sie muß an Beispielen der Praxis den Beweis erbringen, daß in erster Linie der Waldbesitzer, d. h.

die Forstverwaltung, dazu berufen und in der Lage ist, die Synthese zwischen Wald und Wild zu erhalten oder wieder herzustellen, und daß die Interessen einer modernen Forstwirtschaft durchaus nicht gegenläufig denjenigen der Jagd zu sein brauchen. Deshalb ist auch der Entschluß der Hessischen Landesforstverwaltung sehr zu begrüßen, ihre Verwaltungsjagden als Muster- und Versuchsreviere zu bewirtschaften, damit die Erkenntnisse und Empfehlungen der Jagdwissenschaft auf breiter Grundlage praktisch zu erproben und exakte Resultate nachzuweisen. Dadurch tritt auch die Bedeutung und der Wert der staatlichen Verwaltungsjagden nicht nur als Regulator des Wildstandes, sondern als Versuchsobjekt für Jagdwissenschaft und Jagdwirtschaft stärker hervor. In diesem Zusammenhang ist der unter der wissenschaftlichen Leitung von Professor Dr. Jahn-Deesbach, Gießen, zur Zeit laufende Großversuch zur Äsungsverbesserung im Rotwildgebiet Odenwald zu erwähnen, der eine Fläche von über 9000 ha unter Einbeziehung hessischer und baden-württembergischer Forstämter sowie privater Eigen- und Pachtjagden umfaßt und wertvolle Erkenntnisse erwarten läßt.

Neben Gräsern, Kräutern, Knollengewächsen, also weicher Äsung, muß aber das Wild zu seinem Gedeihen noch holzartige Nahrung, sogenannte »Faseräsung«, aufnehmen. Neuere wildbiologische Untersuchungen haben ergeben, daß Rotwild hiervon 42 Prozent, Rehwild sogar 61 Prozent seines Äsungsbedarfes in dieser Form braucht. Rohfaser ist für die Bakterienflora in Pansen und Darm unentbehrlich, ebenso für die Zufuhr von Vitaminen und Spurenelementen, wie überhaupt für den normalen Tagesrhythmus Äsen, Ruhe und Wiederkäuen in regelmäßigen Zeitabständen. Wenn das Wild Faseräsung nicht unbedingt notwendig hätte, wäre anders nicht erklärbar, daß es im Sommer bis an den Bauch in Gras und Kräutern steht und trotzdem an Fichten- und Buchenstangenhölzern schält. Dem zu begegnen ist eine unserer vordringlichsten Aufgaben und für das Fortbestehen der Rotwildbestände die Kardinalfrage überhaupt, ob es auf die Dauer gelingt, das leidige Schälen wenn nicht ganz zu verhindern, so doch auf ein Minimum herabzudrücken. Mit der Anwendung von Schutzvorrichtungen, wie Grüneinband oder Verhütungsmitteln, z. B. Rindenhobel, Rindenkratzer, Anstrich u. a., ist es nicht getan. Das sind alles Behelfe ohne Dauerwirkung. Die Schälsucht ist nur biologisch zu bekämpfen, indem man dem Wilde die für die jeweilige Art gemäße Nahrung zur Verfügung stellt. Nur an seiner Wurzel ist das Schälübel anzugehen, man muß also dem Wilde die notwendige Faseräsung mit Vitaminen und Spurenelementen zugänglich machen.

Da man zunächst der Meinung war, der Mangel an den letztgenannten Wirkstoffen wäre die ausschlaggebende Ursache des Schälens vom Rotwild, leiteten wir 1957 in verschiedenen Rotwildgebieten des Landes Hessen einen weitgespannten Fütterungsversuch mit Cela-Proß ein, und zwar sowohl in Staatsforstämtern als auch in privaten Revieren, in Eigen- und Pachtjagden. Leider ließen sich nach Beendigung dieses Versuches drei Jahre später eindeutige Schlußfolgerungen nicht ziehen. Zunächst war und ist es schwierig, in der freien Wildbahn das Wild zur regelmäßigen Annahme der Fütterungen, noch dazu das ganze Jahr hindurch, zu bringen. Dann waren die Winter während der Laufzeit des Versuches schneearm, das Wild ging sowieso nur unregelmäßig an die Futterstellen. Manche Inhaber von Versuchsrevieren glaubten trotzdem, die Schälschäden seien zurückgegangen, andere behaupteten das Gegenteil. Die zu gleicher Zeit den Sommer über ausgelegten Cela-Proß-Lecksteine wurden überhaupt nicht angenommen. Ein Rückschlag, d. h. verstärktes Schälen, setzte ein im Jahre 1959. Das hatte seinen Grund in dem durch die abnorme Trockenheit verursachten Versiegen von Wasserläufen und Verdorren der Grünäsung. Das Wild konnte damals seinen Flüssigkeitsbedarf nurmehr dadurch decken, daß es das saftführende Kambium der Bäume aufnahm. Es schälte einfach aus Durst. Rotwild nimmt einen recht großen Teil seines Wasserbedarfes über die Äsung auf, und die Rinde enthält Wasser. Die Sommerschälung ist dabei unangenehmer und schädlicher als die im Winter, wenn die Rinde ohne Beschädigung des Kambiums nur abgenagt wird, die Wunden also leicht vernarben können, während im Sommer die Rindenfetzen bis auf das Holz abgerissen werden. Solche Schadenstellen überwallen nur schwer oder gar nicht und bieten Fäulnisbakterien oder anderen Krankheitserregern Angriffspunkte. Aber nicht immer nur Mangel an Wirkstoffen, Vitaminen, Spurenelementen und Faserstoffen zwingen das Wild zu schälen, sondern auch der Hunger, ganz gewöhnlicher Hunger, wenn es in seinen Tageseinständen häufigen Störungen ausgesetzt ist und die Unruhe seinen Verdauungszyklus in Unordnung bringt.

Erfreulicherweise bestehen aber innerhalb eines Forstbetriebes auch noch andere Möglichkeiten, dem Wilde die notwendige Rohfaseräsung darzubieten. Früher, als Eichenlohrinde noch zur Gerbung hochwertigen Leders gebraucht wurde, war der Eichenniederwaldbetrieb, vorwiegend in Mittelgebirgen, wie Taunus, Odenwald, Dillbergland, Siegener Hauberge, noch bis in die erste Hälfte unseres Jahrhunderts ziemlich verbreitet. Mit der zunehmenden Verwendung chemischer Gerbmittel und deren fortschreitender Entwicklung verlor die Eichenrindenerzeugung wirtschaftlich an Bedeutung, besonders seit dem letzten Kriege. Die Umwandlung des nicht mehr rentierenden Niederwaldes in Hochwald, und zwar normalerweise in Fichte, wurde forciert, mit öffentlichen Mitteln (Grüner Plan) gefördert. Wenn es für den kleinen Waldbesitzer zweifellos eine Existenzfrage sein kann, unrentable Niederwaldparzellen in rentable Fichtenbestände umzuwandeln, so ist für den Großwaldbesitzer, vor allem den Staat, das restlose Verschwinden des Niederwaldes betriebswirtschaftlich gesehen durchaus nicht von so unbedingtem Vorteil, zumal wenn er Rotwild in seinem Walde hat. Der Eichenniederwald gibt dem Wilde in zweifacher Hinsicht Äsung, und zwar einmal Faserstoffe in Gestalt der Ausschläge und Knospen der Stocklohden, zum anderen Grünäsung durch die zarten Gräser und Kräuter, welche unter dem lichten Eichenschirm wachsen. Gleiches gilt auch für Eschen- und Erlenausschlagwald und für Niederwaldungen, die mit anderen Baumarten, wie Hainbuche, Linde, Ahorn, Aspe und verschiedenen Pappeln, bestockt sind, ebenso für Mittelwaldbestände aller Art. Stehen dem Wild derartige Schläge zur Verfügung, dann bevorzugt es diese auch als Tageseinstände vor den Nadelholzbeständen, in denen es sonst vielleicht schälen würde. Die geringe Einbuße an Ertrag, wenn auf eine radikale Umwandlung aller Niederwaldflächen in Nadelholz verzichtet und ein bestimmter Prozentsatz solcher Flächen weiterhin als Ausschlagwald belassen wird, macht sich bei weitem bezahlt durch Einsparungen an Kosten für Schälschaden- und Kulturverbißverhütung. Deshalb habe ich bei der Neueinrichtung des hessischen Staatswaldes grundsätzlich vorhandene Niederwaldungen zu etwa 2 bis 5 Prozent je nach deren Flächenverhältnis zum Hochwald von der Umwandlung ausnehmen lassen. Ein Verfahren, welches auch in der Zukunft beibehalten werden sollte. Trotz aller Fortschritte der chemischen Industrie bei der Herstellung von Gerbmitteln wird die Industrie auch heute noch nicht vollständig auf Lohgerbung für bestimmte Lederarten verzichten können, weshalb auf lange Sicht Eichenlohschläge nicht völlig unrentabel geworden sein dürften. Ein weiterer Grund, Schläge mit befriedigendem Rindenertrag durch Eichenstummelpflanzung zu ergänzen oder auf als Hochwald nicht nutzbaren Flächen, wie unter Starkstromaufhieben, neu zu begründen. Schließlich darf man auch nicht vergessen, daß in den durch Umwandlung von Niederwaldgebieten entstehenden großen einförmigen Nadelholzkomplexen Unterbrechungen durch übergehaltene Laubholzstockschläge nicht nur jagdlich von Wert sind, sondern ebenso forstlich. Sie gliedern die einheitlichen Nadelholzflächen auf, erleichtern die Bildung von Hiebszügen, beugen Wind-, Sturm- und Brandschäden vor.

Eine aus landschaftspfleglichen Gründen unterlassene Aufforstung unproduktiver Waldflächen, wie meist mit Alteichen bestandener, ehemaliger Hutweiden, Räumden, mit Kusseln und Wacholder bestockter Heideflächen und ähnlichem – selbstverständlich immer in vertretbarem, wohldurchdachtem und planmäßigem Ausmaß –, erhält die Äsungsfläche und bringt damit jagdliche Vorteile. So wurde bei der Einrichtung der Reinhardswaldforstämter festgelegt, welche Huteeichenbestände nicht in Nadelholzbestände umzuwandeln sind. Diese Huteflächen sind nicht nur ein Charakteristikum der als großstädtisches Ausflugsziel beliebten Landschaft, nicht zuletzt deshalb, weil dort auch noch Wild beobachtet werden kann, sondern sie geben mit Eichelmast, Gras, Adlerfarn und sonstigen Kräutern dem Wilde Äsung, ebenso wie der Unterwuchs in den Fichtenklumpsebeständen des Reinhardswaldes, die als typisch für die dortige Landschaft erhalten werden sollen, solange es irgend geht. Auch Heideflächen sind neben ihrer landschaftlichen Schönheit ganz besonders wertvolle natürliche Wildäsungsquellen, vornehmlich im Winter und bei Schnee. Wenn dieser sehr hoch liegt, fördert ein Freipflügen mit dem Schneeschlitten Äsungsaufnahme und Bewegungsmöglichkeit für alles Wild. Vielfach wird seitens des Naturschutzes die Sicherstellung von Heideflächen mit Wacholderbewuchs angestrebt, was ebenfalls jagdlich zu begrüßen ist. Erfahrungen aus dem Erzgebirge besagen, daß Rotwild in Revieren mit viel Wacholder wenig geschält habe, in Jahren mit starkem Beerenbehang überhaupt nicht.

Stehen keine oder nicht ausreichende Flächen mit Faseräsung zur Verfügung, so können solche als Äsungsbestände neu angelegt werden. Ich habe Ende der fünfziger Jahre im Forstamt Schotten im Vogelsberg einen diesbezüglichen Versuch einleiten lassen, dessen Ergebnis zur Anlage weiterer Äsungsbestände im Bereich der Staatsforstverwaltung Anregung gab. In Schotten wurden zwei innerhalb des Reviers gelegene landwirtschaftlich nicht mehr genutzte Äcker mit Weichhölzern und später im Ausschlagbetrieb zu bewirtschaftenden Eichen bepflanzt, mit der alleinigen Zweckbestimmung, dem Wilde die Möglichkeiten zur Aufnahme von Faseräsung zu geben.

Zur Begründung solcher Bestände eignen sich besonders Baum- und Straucharten, die bei geringen Ansprüchen an den Standort schnell wachsen, möglichst am Stock wieder ausschlagen oder Wurzelbrut bilden. Die schon wiederholt genannte Roteiche besitzt die drei erstgenannten Eigenschaften in hohem Maße, ebenso auch die Pappel- und Weidenarten, letztere sowohl in Baum- als auch in Strauchform. Gute Ausschlagsfähigkeit aus dem Stock besitzen sie alle. Graupappeln und Aspen bilden reichlich Wurzelbrut. Die Rinde aller Arten enthält viele Spurenelemente, teilweise soviel wie Fichtenrinde. Die Werte an Calcium und Phosphor, beide für Körperbau und Stoffwechsel des Wildes besonders wichtig, sind höher als bei Fichte und Buche. Und bekanntlich werden diese beiden Baumarten am stärksten vom Wilde geschält.

Diesbezügliche Untersuchungen und Anbauversuche werden zur Zeit durchgeführt vom Forschungsinstitut für Pappelwirtschaft in Hann. Münden, welches seit dem Jahre 1962 in Personalunion steht mit dem dortigen Hessischen Institut für Forstpflanzenzüchtung. Dieses wurde 1955 auf meine Veranlassung als damaliger

Waldbaureferent für Hessen begründet und in seinem weiteren Auf- und Ausbau sehr gefördert, weil ich ein derartiges Institut sowohl in forstlicher als auch in jagdlicher Hinsicht für unentbehrlich in einer großen Landesforstverwaltung halte. Mit dem danach hinzugekommenen Pappelinstitut, einer Einrichtung der Gesellschaft für Flurholzanbau und Pappelwirtschaft, bin ich als deren späterer Hauptgeschäftsführer noch acht Jahre lang nach meiner Pensionierung in Verbindung geblieben. In einem von diesem Institut im Februar 1973 herausgegebenen Merkblatt »Anlage und Pflege von Verbißgehölzen« wurden die neuesten Untersuchungsergebnisse bekanntgegeben.

Die genannten Institute sind zu sehr interessanten Teilergebnissen auch in bezug auf den Gehalt an anderen Wirkstoffen und Spurenelementen als den oben erwähnten gelangt. So findet sich Cobalt in Aspen und Weiden etwa im gleichen Prozentsatz wie in der Fichte, bei welcher sich der Schälschaden wirtschaftlich zweifellos am unangenehmsten auswirkt. Dieses Spurenelement ist erforderlich zur Erstellung von Vitamin B, von welchem die Verdauung abhängt. Mangel hieran führt zum Zusammenbruch des Stoffwechsels. Das auf die Drüsentätigkeit und damit den Geschlechtszyklus wirkende Mangan ist in der Aspe mit etwa 30 Prozent der Fichte enthalten, das den Blutzuckergehalt beeinflussende Zink übertrifft in seinem Anteil bei Aspe und Weide denjenigen der Fichte. Wenn also das Wild die genannten Spurenelemente in den Verbißholzarten in hinreichender Menge vorfindet, dann ist ein Rückgang, wenn nicht das Aufhören des verderblichen Schälens in den Stangenhölzern und des Verbisses an den Kulturen der Fichte mit Sicherheit zu erwarten. Das gleiche gilt natürlich auch für die Schadensverhütung an den anderen Wirtschaftsholzarten.

Neben all den Bemühungen, die Möglichkeiten jagdlicher und forstlicher Art auszuschöpfen, um die Ernährungsgrundlage für einen gesunden, artenreichen und tragbaren Wildstand unmittelbar durch entsprechende Maßnahmen und Anlagen, mittelbar durch waldbauliche Planung, Forsteinrichtung, Forstschutz zu sichern und zu erweitern, beschäftigte mich auch die Frage, ob es nicht möglich sein sollte, im Wege der Forstpflanzenzüchtung eine Fichte mit rauher Borke zu bekommen, welche vom Wilde nicht oder nur ungern geschält wird. Ich stand dieserhalb lange Jahre in Verbindung mit dem leider sehr früh verstorbenen Münchener Universitäts-Professor Dr. Ernst Rohmeder in gemeinsamer forstgenetischer Arbeit. Er leitete 1959 in seinem Institut für Forstpflanzenzüchtung der Universität München einen Versuch zur Züchtung einer frühzeitig und stark verborkenden Fichte ein. »Eine Fichte, die bereits mit 20 bis 25 Jahren eine starke Borke entwickelt, ist gegen Hagelschlag, Fällungs- und Ausrückschäden und vor allem gegen das Schälen des Hochwildes weitgehend gesichert, jedenfalls mehr als die normalen Fichten, deren Rinde mehrere Jahrzehnte schwach entwickelt und zart bleibt«, schrieb Rohmeder hierzu. In 16 bayerischen Forstämtern wurden 27 dickborkige, in nahezu hundertprozentig rotwildgeschälten Beständen ungeschält gebliebene Fichten ausgewählt und einer Nachkommenschaftsprüfung unterworfen. Dabei konnte z. B. an einer Fichte aus dem Forstamt Viechtach bereits nach drei Jahren nachgewiesen werden, daß das auffallend hohe Rindenprozent des Mutterbaumes auch an den vegetativ vermehrten Nachkommen feststellbar war. Eine Besichtigung nach neunjähriger Dauer dieses Versuches im Versuchsgarten Grafrath bei München war für mich sehr eindrucksvoll.

Etwa zur gleichen Zeit als der bayerische Versuch begonnen wurde, zeigte mir anläßlich einer dienstlichen Bereisung des hessischen Forstamtes Meißner dessen Leiter, der damalige Forstmeister von Trott zu Solz, einen älteren Fichtenbestand inmitten eines großen, stark von Rotwild geschälten Fichtenkomplexes, der als einziger ungeschält geblieben war. Die Rinde dieser Fichten war durchweg sehr viel schuppiger und rauher als die in den anderen Beständen. Es handelte sich hier zweifellos um einen der nicht seltenen Zufälle, daß bei der Neubegründung eines Bestandes von irgendeiner auswärtigen Baumschule bezogene Pflanzen einen von der großen Masse auffällig abweichenden Habitus aufweisen, der wahrscheinlich auf genetischer Ursache beruht. Da sich hier ein Ausgangsmaterial für den Versuch, eine schälresistente Fichte herauszuzüchten, anbot und anders als beim bayerischen Versuch, für den nur Einzelindividuen ausgelesen wurden, in Hessen eine ganze Population zur Verfügung stand, nahm das hessische Institut für Forstpflanzenzüchtung die Züchtung rauhborkiger Fichten in sein

Arbeitsprogramm auf. Es wurden in dem fraglichen Bestande 30 Plusbäume ausgewählt, vegetativ vermehrt und in einer Samenplantage im Forstamt Reichensachsen aufgeklont. Außerdem wurden Stecklinge angezogen, die später für Versuchsanbauten in Rotwildrevieren verwendet werden sollen. Die Pflanzungen sind zur Zeit noch zu jung, um jetzt schon über die Vererbung der Schälresistenz genaueres aussagen zu können. Auf das spätere Ergebnis jedoch darf man sehr gespannt sein. Fällt es positiv aus, dann ist das Schälschadensproblem zugunsten des Rotwildes gelöst, sofern diese Fichtenrasse in der Praxis in Rotwildgebieten auf breiter Basis angebaut wird. Allerdings muß auch dieses gekoppelt werden mit der Anlage von Faseräsungsbeständen und der Schaffung natürlicher Äsungsquellen, wie sie mit jetzt schon merkbarem Erfolge in den hessischen Forstämtern und anderen Rotwildrevieren geschaffen worden sind.

Auf jeden Fall ist es der Mühe wirklich wert, alle Möglichkeiten zu erforschen und auszuwerten, um die Lebensbedingungen für unser Wild zu sichern und zu verbessern. Besonders aussichtsreich erscheint mir dabei die Anwendung biologischer Methoden, nicht zuletzt auch zur Vorbeugung gegen Wildschäden im Feld und im Walde. Meine Erfahrungen aus langjähriger jagdlicher und forstlicher Praxis berechtigen mich zu der Auffassung, daß gerade und in erster Linie der Forstmann in der Lage und dazu berufen ist, der Heimat und der Menschheit ein so hohes Kulturgut, wie es unsere freilebende Tierwelt und vornehmlich unser Wild darstellt, zu erhalten. Nicht zuletzt zählt aber auch eine wohlüberlegte Bejagung als wichtiger, naturgemäßer Regulator für einen gesunden, artenreichen Wildstand zu den Pflichten des waidgerechten Jägers.

Kapitel 10 Rotwildhege und Rotwildjagd

Unter dieser Überschrift sind nicht allein die von mir erlegten Hirsche – bis zu dem Zeitpunkt, an dem ich diese Zeilen niederschreibe, immerhin 39 – gemeint, sondern auch das Rotwild, welches ich als Leiter eines staatlichen Forstamtes und später als Jagdreferent eines wald- und noch wildreichen Landes betreuen durfte.

Meine erste Begegnung mit Rotwild in freier Wildbahn liegt 50 Jahre zurück. Es war am späteren Nachmittag eines klaren Septembertages des Jahres 1923 in dem an der Südabdachung des Vogelsbergmassivs gelegenen, inzwischen aufgelösten hessischen Forstamt Eichelsdorf. Dort leistete ich gerade einen Teil meines Vorbereitungsdienstes als Forstreferendar ab. Ich fuhr auf dem Fahrrad von dem Städtchen Hungen in der Wetterau kommend, wo ich ein Dienstgeschäft zu erledigen hatte, auf der Hungen-Schottener Straße nach Schotten, meinem damaligen Wohnort. Diese Straße war forstfiskalisch, für den öffentlichen Verkehr gesperrt. Sie verläuft rund 10 km ununterbrochen durch Wald, durchquert dabei auch den Forstdistrikt Borkhards. Dessen damalige Bestockung bestand aus etwa 150jährigen starken Buchen, die in der Erwartung natürlicher Verjüngung im Laufe der Jahre stark gelichtet und dementsprechend vergrast waren. Stellenweise hatten sich nun nach der überreichen Buchelmast des Jahres 1918 kleine Buchenaufschlaghorste eingestellt.

Wie ich durch diesen Altbestand fahre, sehe ich in dem hohen Grase, vielleicht 200 Meter seitlich, mehrere rotbraune Tiere, die ich zunächst für Kühe des dunkelroten Vogelsberger Höhenviehs hielt. Empört darüber, daß irgend jemand seine Rinder in den Staatswald, noch dazu einen Verjüngungsschlag, getrieben hat, stieg ich vom Rade in der Absicht, hinzugehen, um die für eine Strafanzeige erforderlichen Feststellungen zu treffen. Doch in diesem Augenblick wurden die im Grase sitzenden vermeintlichen Rinder hoch und sprangen ab in Richtung der etwa 500 Meter entfernten Grenze der Privatforstverwaltung Laubach. Ich erkannte ein Rudel Rotwild. Einen Hirsch konnte ich in der Geschwindigkeit allerdings nicht ausmachen.

Da aber die Zeit der Hirschbrunft war, fuhr ich am anderen Morgen vor Tau und Tag wieder ins Borkhards in der Hoffnung, das Rudel mit einem Hirsch dort nochmals anzutreffen. Bei völliger Dunkelheit ankommend, hörte ich das Wild tatsächlich in den Buchen umherziehen, vernahm auch hin und wieder ein Knören. Nun tat ich das Verkehrteste, was in solchem Falle getan werden kann. Anstatt mucksmäuschenstill auf meinem Platz zu bleiben und das beginnende Tageslicht abzuwarten, um überhaupt etwas zu erkennen, versuchte ich nach dem Gehör, das Rudel anzupirschen. Mangels jeder Erfahrung mit Rotwild wußte ich natürlich nicht, daß es viel schärfere Sinne besitzt als das mir wohlbekannte Rehwild, vorsichtiger und mißtrauischer ist und vor allem sehr viel empfindlicher gegen verdächtigen Wind. Gerade dieser aber küselt im Mittelgebirge und besonders im Morgengrauen bekanntlich sehr häufig, so daß ich annehme, daß es letzten Endes ein Windstoß war, der das Rotwild mit lautem Gepolter in Richtung Laubacher Wald flüchtig werden ließ. Es muß die Störung nachhaltig verübelt haben, denn ich war an den folgenden Tagen jeden Abend und Morgen dort, sah aber nie wieder ein rotes Haar.

Mein erstes Stück Rotwild erlegte ich zwei Jahre später auf einer Drückjagd in einem vorpommerschen Privatforst in Gestalt eines Hirschkalbes. In Pommern und Mecklenburg habe ich dann mehrfach an Wildjagden teilgenommen, auch etliche Stücke Kahlwild gestreckt – als meine erste Dublette mit der Repetierbüchse in einem preußischen Staatsforstamt ein Alttier und ein Schmaltier –, wenn aber bei diesen Jagden überhaupt, dann nur geringe Hirsche freigegeben waren, so hatte ich niemals Anlauf von einem solchen. Ein einziges Mal kam mir ein starker Mönch mit mächtigem Kragen, aber nichts auf dem Haupt und blieb sogar noch in guter Schußentfernung, im Treiben zwar, vor mir stehen. Ich schoß schweren Herzens nicht, einmal wäre es etwas riskant gewesen, mit der Kugel ins Treiben zu schießen, ausschlaggebend aber war, daß der die Jagd leitende Forstmeister Hirsche nicht freigegeben hatte.

»Ja, den alten Mönch hätten Sie doch schießen müssen«, war die Antwort, als ich ihm meinen Anblick meldete. Kein Wunder, daß ich mich ärgerte, denn Hirsch ist Hirsch, ob Zwölfer oder Mönch. Hirsche aber waren tabu, also? Selbstverständlich hätte aus Gründen der Rotwildhege der Mönch geschossen werden müssen, soviel wußte ich auch schon damals, aber trotzdem nicht von mir als einem Gast auf einer Drückjagd, bei der Hirsche nicht geschossen werden durften. Der Mönch war den örtlichen Forstbeamten offensichtlich bekannt. Deshalb hätte man ihn ausdrücklich neben dem Kahlwild zum Abschuß freigeben sollen. Dieses Erlebnis war mir aber eine Lehre als späterem Jagdleiter.

Ein Mönch ist mir übrigens trotz meiner zeitlebens guten und häufigen Jagdgelegenheit auf Rotwild auch später in den verschiedensten Gegenden Deutschlands und der Tschechoslowakei niemals wieder vorgekommen. Auch nur ein einziges Mal ein Knopfspießer in Hessen, den ich schoß. Im übrigen war es in meinen jagdlichen Anfangsjahren auf Rotwild wie verhext mit den Hirschen. Obwohl mehrmals auf einen solchen eingeladen, kam ich nie an den richtigen, den ich hätte schießen dürfen. War mir ein Abschußhirsch freigegeben, so war es einer mit Krone und umgekehrt, z. B. in einem großen Forstamt des Hauses Hohenzollern in Ostpommern: »Aber schießen Sie mir bloß keinen Japper!« Prompt sah ich deren mehrere, aber nicht einen starken. So kam es, daß ich meinen ersten Hirsch erst im Herbst 1932 kurz nach Übernahme des eigenen Forstamtes im Odenwald auf der ersten von mir abgehaltenen Drückjagd erlegt habe. Und das war auch nur ein Spießer, nach heutiger Nomenklatur II c oder II b2. Aber schon in der Feiste 1933 wendete sich das Blatt mit der Erlegung eines guten, alten Kronenzehners. Dieser Hirsch hatte mit einem etwas jüngeren Achter seinen Einstand in einem mehrere Hektar großen in Nadelholz umgewandelten Eichenstockschlag, an dessen Rand zum Hochwald ein alter, bereits sehr wackeliger Hochsitz stand. Abends kamen die Hirsche zu spät aus ihrem Einstand, in welchem sie noch alte Eichenstockausschlaglohden und kleine Grasplätze, ausreichend zur Äsung über Tage, vorfanden, so daß allein die Zeit der Morgendämmerung einigermaßen erfolgversprechend war und dabei der alte Hochsitz der günstigste Ansitz. Man sah nämlich von ihm auch noch in einige kleine Lücken des ehemaligen Stockschlages hinein, und genau auf einer solchen erreichte den Hirsch meine Kugel eines Morgens, nachdem ich diesen Sitz noch bei Dunkelheit sehr vorsichtig erklommen hatte. Beim Abstieg nach dem Schuß brach übrigens die Leiter, womit der alte Hochsitz endgültig sein Leben aushauchte. Er hatte ja aber auch noch einmal seine Schuldigkeit getan.

Es folgten in den sieben Jahren meiner Tätigkeit als Forstamtsleiter im Odenwald dann noch mehrere Hirsche und natürlich auch etliche Stücke Kahlwild. Der Rotwildstand belief sich vor dem Kriege in den Kernrevieren des dortigen Gebietes auf 4 bis 5 Stück je 100 ha Waldfläche. Die Wilddichte war also reichlich hoch, für heutige Begriffe beinahe unvorstellbar. Doch der Anteil an Eichenniederwald von 25 Prozent der Bestockung bot dem Wild ausreichende natürliche Äsung. Es war deshalb auch standorttreuer als heute, zog weniger in die Randgebiete, aus dem ziemlich geschlossenen Waldgebiet hinaus in den Feldfluren benachbarte Einstände und verursachte auch nicht übermäßige Schälschäden in den Nadelholzbeständen, weil es im Eichenschälwald alles fand, was es brauchte, einschließlich der Ruhe.

Ursprünglich war der Odenwald ein reines Laubwaldgebiet gewesen. Im westlichen kristallinen Urgebirgsteil herrscht auch heute noch die Buche in teilweise hervorragenden Phänotypen, durchstellt mit guten Traubeneichen. Aber im Buntsandsteingebiet, früher Buchen-Hainbuchen-Eichenausschlagswald, ist die Umwandlung in Nadelwald jetzt weit vorgeschritten. Bis in das erste Viertel des 20. Jahrhunderts spielte der als Schälwald bewirtschaftete Eichenniederwald dort immer noch eine beachtliche Rolle. Je mehr die Eichengerbrinde ihre wirtschaftliche Bedeutung verlor und durch chemische Gerbstoffe ersetzt wurde, desto größeren Umfang nahm der Nadelholzanbau an. Heute beläuft sich der durchschnittliche Nadelwaldanteil im Buntsandsteinodenwald auf mindestens 90 Prozent der Gesamtbestockung.

Beim Nadelholzanbau war es zunächst die von Rotwildschälschaden nicht in dem Maße wie die Fichte bedrohte Kiefer, die vor allen Dingen von den waldbesitzenden Bauern bei der Schälwaldumwandlung wegen ihrer Nadelstreu, welche früher im Kleinprivatwald die Hauptnutzung darstellte, bevorzugt wurde. Da man früher von Standortrassen nichts wußte und Saatgut sowie Pflanzen ohne Rücksicht auf die Herkunft ankaufte, gelangten häufig Tieflandkiefernprovenienzen zum Anbau, welche durch wiederholte Schneebrüche bis zur Vernichtung dezimiert wurden. Deshalb ging man seit etwa Anfang unseres Jahrhunderts zur Fichte über, welche sich, von extremen Schneebruchlagen abgesehen, sehr viel besser bewährte als die Kiefer, allerdings nur auf Standorten befriedigende Erträge erbringt, in denen durch Löß- oder Lehmbeimischung der Boden nicht so nährstoffarm ist wie an den durch Abschwemmung von Feinerde und Oberkrume verarmten Buntsandsteinhängen.

Für solche häufig bereits in der Schneebruchzone liegende Oberhänge fand man um die Jahrhundertwende einen hochwertigen Ersatz für die Kiefer in Gestalt der Weymouthskiefer, auf den Unterhängen wurde statt der Fichte vermehrt die Douglasie angebaut. Da sich dieses schon vor dem Kriege angebahnt hatte, als ich das Odenwaldforstamt Beerfelden verwaltete, gehörte keine große prophetische Gabe dazu, die für den Rotwildstand ungünstige Entwicklung vorauszusehen. Wenn die Niederwaldflächen langsam verschwinden, muß das Wild entweder abwandern, was es nun jetzt nach dem Kriege auch zum Teil getan hat, indem es sich in den an die Feldgemarkungen angrenzenden Randrevieren einstellte, oder es fängt an, Fichtenrinde zu äsen, weil es anderes nicht mehr im Walde findet. Außerdem verursacht es Schäden an den Kulturen, indem es die Jungpflanzen verbeißt.

Deshalb hatte ich schon damals Maßnahmen zur Verbesserung der Äsungsverhältnisse eingeleitet, die leider kriegsbedingt nicht weitergeführt wurden und deshalb zum großen Teil untergingen. Um so mehr habe ich mir, nachdem ich aus russischer Kriegsgefangenschaft heimgekehrt, vorübergehend das Forstamt Beerfelden wieder – acht Jahre nach meinem Weggang gewissermaßen als mein eigener Nachfolger – übernahm und dann in den letzten zwölf Jahren meiner Dienstzeit als Landesjagdreferent von Hessen die Verbesserung der Existenzgrundlage des Wildes, vornehmlich unseres edelsten, des Rotwildes, besonders angelegen sein lassen. Aber dieses Thema wurde bereits eingehend abgehandelt.

Im Rotwildgebiet Odenwald unterstützt die »Vereinigung der Rotwildjäger im Odenwald e. V.« die Bemühungen der Landesforstverwaltung um Verbesserung der Äsung sehr wirksam. Das ist mir eine besondere Freude, denn abgesehen davon, daß ich selbst nun mehr als 40 Jahre Mitglied dieser Vereinigung bin, fühle ich mich mit dem Odenwaldrotwild immer noch besonders verbunden. Denn schließlich war es das erste Rotwild, welches ich im eigenen Revier betreuen durfte, an ihm sammelte ich meine ersten hegerischen Erfahrungen, und man sagt ja, daß die erste Liebe mit durch das Leben geht!

Das Rotwildgebiet Odenwald nimmt in Hessen insofern eine Sonderstellung ein, als es jetzt nur noch das einzige in freier Wildbahn südlich des Maines ist. Es bildet mit den im Osten und Süden angrenzenden bayerischen und badisch-württembergischen Rotwildvorkommen eine Flächeneinheit von 46 000 ha. Der auf Hessen entfallende Anteil umfaßt nahezu 24 000 ha. Planung und Durchführung des Abschusses werden nach einheitlichen Richtlinien und im gegenseitigen Einvernehmen der beteiligten Länderjagdbehörden durchgeführt. Seit ihrer Gründung wurde von der Rotwildjägervereinigung bereits eine gemeinsame Abschußregelung angestrebt. Sie wurde auch – allerdings nur auf freiwilliger Basis und nur durch ihre Mitglieder – durchgeführt, blieb aber eben doch unvollkommen. Nach Erlaß des Reichsjagdgesetzes und auf Grund dessen der ersten amtlichen Abschußrichtlinien von 1935 wurde die Einheitlichkeit dann gewährleistet und das Verfahren nach dem letzten Kriege erneut aufgenommen, jetzt wieder unter reger Mitwirkung der Vereinigung der Rotwildjäger.

Bei ihrer Gründung im Jahre 1922 hatte sie in Richtlinien für den Abschuß von Hirschen nur solche vom Achter aufwärts freigegeben. Dieses entsprach natürlich weder unseren heutigen wissenschaftlichen Erkenntnissen noch der allgemeinen Auffassung von Rotwildhege. Dementsprechend war dann auch die Stärke der damals erbeuteten Geweihe. Von 700 in den zehn Jahren 1923 bis 1932 im Bereich der Rotwildjägervereinigung erlegten Hirschen erreichten nur zehn mehr als 160 internationale Punkte. Ein in der Brunft 1938 im Forstamt Beerfelden für damalige Begriffe sehr guter gerader Kronenzehner vom 10. bis 11. Kopf kam auf 140

Punkte, und der Erleger, ein alter Rotwildjäger, staatlicher Jagdgast, war überglücklich über diesen starken Odenwaldhirsch. Bemerkenswert ist übrigens, daß bei den meisten Odenwaldgeweihen, auch der alten Hirsche aus der Vorkriegszeit, die Eissprosse fehlte.

In den zehn Jahren von 1958 bis 1967 wurden 1117 Hirsche gestreckt, davon allerdings 567 IIc-Hirsche, so daß, vergleichbar mit der erwähnten Vorkriegsabschußziffer, welche sich wie erwähnt auf Hirsche vom Achter aufwärts, also etwa der heutigen Güteklasse IIb, bezieht, die Abschußziffer 550 nach Abzug der IIc-Hirsche beträgt. Davon hatten 27 über 160 Punkte, sieben über 170 und zwei sogar über 180. Der Anteil an starken Hirschen hat sich also von 1,4 Prozent der Vorkriegszeit auf jetzt 4,9 Prozent erhöht. Betrug das Geweihgewicht des als gut jagdbar geltenden Odenwaldhirsches vor dem Kriege kaum 3,5 kg, so wiegen die Geweihe heute 4 bis 6 kg. Eine Entwicklung übrigens ganz ähnlich derjenigen im Harz, wo der »ewige Achter« nunmehr der Geschichte angehört und kapitale Geweihträger gestreckt werden. Allerdings bei erheblich höherer Rotwilddichte als im Odenwald, wie ich bei mehrfachen dienstlichen und privaten Besuchen dort immer wieder feststellen konnte.

Die frühere hohe Rotwilddichte im Odenwald wurde im Hinblick auf die veränderte Äsungsgrundlage und die Schäl- und Feldschäden auf etwa 1,5 Stück je 100 ha Wald reduziert. Selbstverständlich sind solche Zahlen insofern theoretisch, als sich das Rotwild niemals über die ganze Fläche der Reviere gleichmäßig verteilt, sondern immer wieder in bevorzugten Einständen einstellt. Deshalb ist das Schwergewicht der Äsungsverbesserungsmaßnahmen auch in diese Kernreviere zu verlegen. In diesem Zusammenhang darf ich meine Auffassung über zulässige Höhe, Regulierung und Ermittlung der Wilddichte darlegen, so wie ich sie mir in den zwölf Jahren meiner Tätigkeit als Jagdreferent im Hessischen Ministerium für Landwirtschaft und Forsten auf Grund meiner Erfahrungen in den verschiedenen Rotwildgebieten des Landes und den mannigfaltigen und sehr unterschiedlichen ökologischen Verhältnissen gebildet habe.

Die Voraussetzung für eine rationelle Jagdbewirtschaftung bildet immer eine möglichst genaue Wildstandermittlung. Dieses gilt nicht nur für Hoch-, sondern auch für Niederwild, in erster Linie aber für Wildarten, welche wegen der jagdgesetzlichen Bestimmungen nur auf Grund eines Abschußplanes erlegt werden dürfen. Je größer der Lebensraum einer Wildart, je weniger sie standörtlich an bestimmte kleine Reviere gebunden ist, desto mehr kommt es auf die Genauigkeit der Wildstandermittlung an, desto schwieriger wird diese aber auch. Mit Spekulationen oder Schätzungen ist es da nicht getan, auch nicht mit sogenannten Wildzählungen an festgesetzten Stichtagen. Bei der geringen Größe der meisten unserer Jagdbezirke wechselt ein Rudel in einer Nacht durch drei, vier oder mehr Reviere, so daß Doppel- oder gar Mehrfachzählungen unausbleiblich sind. Die hieraus abgeleiteten Bestandesziffern werden viel zu hoch. Versuche, diese Zahlen in gemeinsamen Besprechungen der Revierinhaber zu berichtigen, führen kaum zu brauchbaren Ergebnissen.

Ursprünglich hatte auch die Oberste Jagdbehörde in Hessen versucht, solche Stichtage für die Wildzählungen im ganzen Lande einheitlich festzusetzen. Doch nachdem die Unzulänglichkeit dieser Methode erkannt war, wurde angeordnet, die Wildbestandermittlung auf einen längeren Zeitraum auszudehnen. Die Wildbeobachtung sollte etwa zehn Tage dauern. Dabei blieb es den zuständigen Jagdbehörden überlassen, die Termine nach eigenem Ermessen anzusetzen. In jedem Falle war der Frühjahrsbestand zu ermitteln. Außerdem wurde dazu auch verwiesen auf das Abfährten bei Schneelage im Spätwinter, Zählen an den Futterstellen, Beobachten, insbesondere während der Brunft, um eine Übersicht über die Wilddichte des Revieres das Jahr über zu bekommen. Überall dort, wo das Wild zwischen angrenzenden Jagdbezirken hin und her wechselt, was ja sehr häufig der Fall ist, sollte mit dem Jagdnachbarn Fühlung gehalten werden.

Die Bedeutung einer sorgfältigen und richtigen Wildbestandermittlung kann deshalb gar nicht eindringlich genug herausgestellt werden, weil auf zu hohen Wildstandangaben basierende Abschußpläne unweigerlich zur Vernichtung des Wildes führen. Leider besteht bei manchen Revierinhabern die Neigung, den Wildstand höher anzugeben als er tatsächlich ist, in der Absicht, einen möglichst hohen Abschuß genehmigt zu bekommen. Am Ende des Jagdjahres stellt sich dann heraus, daß er nur zu einem Bruchteil erfüllt werden konnte, weil gar nicht so viel Wild da war. Ein solches Verfahren muß allmählich zur Ausrottung unserer Schalenwildbestände führen. Aber auch zu niedrige Wildstandmeldungen zeitigen letzten Endes das gleiche Ergebnis.

Wenn der Zuwachs die Abschußziffern in mehreren Jagdjahren hintereinander übersteigt, nimmt das Wild in wenigen Jahren derart zu, daß stärkere Wildschäden die unausbleibliche Folge sind. Die daraufhin mit absoluter Sicherheit zu erwartenden Beschwerden der Land- und Forstwirte würden Behörden oder gar Parlamente zu Maßnahmen veranlassen, welche weder im Interesse der Jägerschaft noch des Naturschutzes überhaupt und damit der Allgemeinheit gelegen wären. Es wäre also sehr kurzsichtig, wenn Jagdpächter im Hinblick auf die hohen Aufwendungen für Jagdpachten ihren Wunsch, möglichst viel Wild im Revier zu halten – damit auch größere Strecken zu erzielen –, dadurch zu verwirklichen versuchen, daß sie absichtlich ihre Wildbestände zu niedrig angeben. Ein hinreichend großer Anteil staatlicher Verwaltungsjagden an der Gesamtjagdfläche ist deshalb besonders auch in bezug auf Ermittlung und Regulierung der Wildstände nicht nur von erheblicher jagdwirtschaftlicher, sondern vielmehr noch jagdpolitischer Bedeutung.

Ich selbst lehne für meine Person die Mondscheinjagd auf Grund zweier Erlebnisse ab, aber das soll kein Werturteil über die nächtliche Jagdausübung darstellen in Revieren, wo anders bestimmte Wildarten einfach nicht zu bekommen sind. Die nachstehend geschilderten Ereignisse aus den Jahren 1926 und 1928 haben mich aber bewogen, die Nachtjagd auf Schalenwild niemals wieder zu versuchen. Da meine diesbezüglichen Erfahrungen jedoch nahezu ein halbes Jahrhundert zurückliegen, mag es sein, daß die inzwischen wesentlich verbesserte Jagdoptik die nächtliche Jagdausübung, insbesondere das Ansprechen des Wildes, erleichtert. Damals jedenfalls waren mein Hensoldt-Jagd-Dialyt und Zeiß-Zielsechs so ziemlich die besten Gläser.

In meiner Assessorenzeit in Stettin hatte ich freie Büchse in der zum Preußischen Staatsforstamt Falkenwalde gehörenden Försterei Hohen-Leese auf Sauen. Diese waren dort zwar nur Wechselwild, verursachten aber, wenn sie mal durchkamen, erheblichen Wildschaden auf den angrenzenden Feldfluren. Von Stettin waren es bis zum Revier nur knapp 10 km. Der Wildschaden in Stadtnähe und auf den Anbauflächen besserer Gemüsesorten war darum besonders unangenehm. Ich fuhr mit dem Rade oder ritt öfters mal ins Revier, fährtete auch hin und wieder Schwarzwild, bis eines Tages der alte Hegemeister aus Hohen-Leese bei mir in Stettin anrief, er habe beim Reviergang am Vormittag festgestellt, daß eine der Fährte nach sehr starke Sau einen unmittelbar an der Waldgrenze gelegenen Frühkartoffelacker praktisch gerodet habe. Ich fuhr also am Nachmittag hin.

Die Fährte stand auf einer Abtriebsfläche neben dem bewußten Acker ganz klar, die Sau hatte den Wechsel über den Abtrieb gehalten. Auf dieser Fläche verstreut lagen mehrere bis meterhohe Gesteinsbrocken, zwischen denen die Sau durchwechselte. Da Vollmond war, richtete ich mich bei gutem Wind am Rande des angrenzenden Kiefernstangenholzes für die Nacht zu einem Daueransitz ein. Bis etwa Mitternacht erhellte der Mond die kahle Fläche mit den Findlingssteinen scheinbar wie am Tage. Auf einmal erhob sich ein Wind, und einzelne Wolkenfetzen trieben am Himmel her. Die Szene verdunkelte sich, wenn eine Wolke am Mond vorbeizog, wurde dann aber wieder hell. Das Spiel dauerte eine ganze Weile. Ich blickte ständig angestrengt auf die Abtriebsfläche.

Plötzlich, da zwischen den Steinen, der große dunkle Klumpen war doch vorher nicht zu sehen gewesen! Offensichtlich die Sau! Genau als solche anzusprechen war sie zwar nicht, aber sie würde sich ja mal in Bewegung setzen. Doch das tat sie nicht. Sie stand auf einem Fleck, bloß drehte sie sich offenbar immer mal, denn eben schien sie breit, dann wieder spitz zu stehen. Schließlich wurde mir die Geschichte zu langweilig, und ich ging mit schußfertiger Büchse die vermeintliche Sau an. Je näher ich kam, desto geringer wurde sie, bis sie sich als einer der Findlingssteine entpuppte. Des Rätsels Lösung: Die vor dem Mond ziehenden Wolken warfen in dem zwischenzeitlich hellen Licht verschiedene Schatten, so daß diese wechselnden Beleuchtungseffekte auf dem Stein die Bewegung einmal breit-, einmal spitzstehend vortäuschten. Wenigstens hatte ich mich nicht zu einem Schuß verleiten lassen, weil ich mir eben nicht sicher war, ob ich tatsächlich die Sau vor mir hatte.

Bei dem zweiten nächtlichen Jagderlebnis hatte ich das Ziel zwar genau angesprochen und geschossen und war dann doch der Dumme. Das war mir besonders schmerzlich, weil es sich hier um einen Hirsch handelte. Ich fuhr damals häufig am Wochenende oder an Feiertagen zum Besuch eines mir aus unserer gemeinsamen Aktivenzeit besonders verbundenen Corpsbruders nach Mecklenburg. Dessen Vater, einer der damals bedeutendsten Landwirte der Magdeburger Börde, hatte für seinen Sohn ein Gut in Mecklenburg-Strelitz gepachtet, weil er nicht gleich nach der landwirtschaftlichen Lehrzeit eines der eigenen Güter übernehmen, sondern erst Erfahrungen auf der Pachtung sammeln und sich als selbständiger Landwirt bewähren sollte.

Zu diesem Gute gehörte neben der landwirtschaftlich genutzten Fläche noch ein Gutsforst, den der Eigentümer nicht mit verpachtet hatte. Dem Pächter der Landwirtschaft war die Jagd auf dem Felde mit Ausnahme von Rot- und Damwild überlassen. Dieses hatte sich aber so vermehrt, daß im Jahre 1928 der Wildschaden Formen annahm, der den Eigentümer veranlaßte, auch eine bestimmte Stückzahl beider Hochwildarten zum Abschuß auf der verpachteten Feldflur freizugeben. Zur Zeit der Hirschbrunft wurden zwei mit Stroh hochbeladene Erntewagen an einen großen Kartoffelschlag gefahren und etwa 400 m voneinander entfernt aufgestellt. Ein im Stroh vorbereiteter Sitz war mit einem Rahmen aus Brettern versehen, so daß man in dem fahrbaren Strohhaufen saß, wie ich mir Abrahams Schoß vorstellte. Auf diesen beiden Strohwagen wollten wir die ganze Vollmondnacht verbringen und versuchen, einen Hirsch zu bekommen.

So saßen wir, d. h. mein Corpsbruder und ich, am Abend in je einem dieser Wagen und harrten der Dinge, die da kommen sollten. Als Standort der Wagen war eine kleine Bodenerhebung gewählt, so daß man bei dem klaren Vollmond eine recht weite und gute Sicht auch über eine den Waldrand entlangziehende breite Wiesenschlänke und rundherum über die Felder hatte. Noch bei Büchsenlicht waren etliche Rehe auf die Wiese ausgetreten, sie zogen bei Dunkelwerden wieder in den Wald ein. Als der Mond dann voll aufgegangen war, sah man einige Stücke Damwild, auch ein Rudel Damhirsche. Zu erkennen, was sie auf dem Haupte trugen, war auf 300 bis 400 m Entfernung auch bei dem klaren Mondlicht nichts. Aber ob ein jagdbarer Schaufler dabei war oder nicht, machte mir an dem Abend nichts aus. Zwei gute Schaufler hatte ich damals bereits in vorpommerschen Revieren erlegt, mein Sinn stand einzig und allein danach, meinen ersten Rothirsch zur Strecke zu bringen. Nicht lange, und ein fünfköpfiges Rudel Rotwild ohne Hirsch kam aus dem Walde und äste friedlich neben dem Damwild auf der Wiese.

Daß sich Rot- und Damwild wegen der Unruhe des letzteren nebeneinander nicht vertrügen, ist auch so eine der vielen jagdlichen Behauptungen, die nicht stichhaltig sind. Ich habe im Laufe der Jahre häufig Rot- und Damwild nahe beieinander und ohne sich umeinander zu kümmern auf der gleichen Fläche äsen sehen, in Mecklenburg, in Pommern und in Südböhmen, und zwar nicht etwa im Gatter, sondern in freier Wildbahn.

Nach etwa einer halben Stunde ertönte im Walde ein Trenser, dann mehrmals ein Schrei, der Hirsch kam dem Rudel nachgezogen. Als er aus dem Walde trat, war er zwar dem Körperbau nach als solcher ganz einwandfrei anzusprechen, nach dem Geweih aber trotz Vollmond nicht. Das war aber schließlich in diesem Falle egal, Wahlabschuß kam hier sowieso nicht in Frage. Zum Schuß war es zuerst noch viel zu weit, aber das Rudel tat mir den Gefallen, mit dem Hirsch auf die Kartoffeln zuzuziehen. Als ich die Silhouette des Rudels auf dem Kartoffelacker einigermaßen in Schußentfernung glaubte – bei Mondlicht verschätzt man sich leicht –, ging ich mit dem Zielstachel, der allerdings auf dem Wildkörper kaum erkennbar war, ziemlich hoch in den Hirsch hinein und schoß. Daraufhin zunächst mal großes Geprassel, und leer war die Bühne. Zu sehen war überhaupt nichts mehr.

Da wir verabredet hatten, auch nach einem Schuß bis zum Hellwerden sitzen zu bleiben, weil man in der Nacht doch nichts erkennen kann, weder Schußzeichen noch ob und wohin das beschossene Stück flüchtig geworden ist, und nur Anschuß und etwaige Schweißfährte vertrampelt, zogen sich die Stunden bis zur Morgendämmerung schier endlos hin. Dann, als wir aus unseren Strohsitzen abbaumen und zum vermeintlichen Anschuß hingehen konnten, fanden wir ihn nicht. Man hat in der Nacht eben weder Anhaltspunkte, welche man sich im Gelände merken kann, noch sind Entfernungen einigermaßen sicher zu beurteilen. Inzwischen kam der für eine halbe Stunde nach Tagesbeginn bestellte Kutscher mit dem Jagdwagen, und wir fuhren erst mal ins Gutshaus, um uns frisch zu machen, zu frühstücken und dann gleich wieder mit der erfahrenen alten Drahthaarhündin »Hela« zum Ort der Tat zurückzukehren. Die Hündin fand am Schweißriemen zunächst auch nichts, bis sie geschnallt frei suchen konnte. Da kam sie auf einmal an mit der über der Mittelsprosse abgeschossenen oberen Hälfte einer starken Achterstange. Das war das Ergebnis meiner zweiten und letzten Mondscheinjagdepisode!

Als ich im Jahre 1924 den letzten Abschnitt meiner Referendarzeit in der Abteilung für Forst- und Kameralverwaltung des damaligen Hessischen Ministeriums der Finanzen in Darmstadt ableistete, lernte ich den Kranichsteiner Wildpark kennen. Er interessierte mich so, daß ich in meiner freien Zeit immer wieder mit dem Rade hinfuhr, um das Wild zu beobachten.

Dieser Wildpark war 1571 in einer Größe von rund 2500 ha angelegt worden durch den Begründer der Darmstädter Linie des hessischen Fürstenhauses, Landgraf Georg I. Der Park schließt an das Gelände des 1572 bis 1778 erbauten Jagdschlosses Kranichstein an. Früher gehörte er zu einem größeren Jagdgebiet, Bestandteil des einstmaligen Reichsforstes Dreieich. Eingefriedigt war er bis zum Ende des letzten Krieges fast 2,50 m hoch mit festen Eichenbohlen. An allen Eingängen der den Park netzartig überziehenden Schneisen befanden sich Tore, die von den zahlreichen Spaziergängern benutzt, aber auch immer wieder geschlossen gehalten wurden, wie das früher so üblich war, als man noch Hinweise auf Ordnung und Sauberkeit seitens des Publikums zu beachten pflegte. Die den Wildpark durchquerende Kreisstraße Darmstadt–Messel war durch Wildschleusen, die hindurchführende Eisenbahnstrecke Darmstadt–Aschaffenburg durch beiderseitige Abgatterung des Bahnkörpers gesichert mit Unterführungen, welche dem Wild den Wechsel von dem einen zum anderen Teil des Wildparkes ermöglichten.

Den Waldbestand bildeten in der Hauptsache mehrhundertjährige Buchen und Eichen mit reichem Gras- und Kräuterwuchs, der dem Wild ebenso Äsung bot wie die verschiedenen gut gepflegten Wiesen und zahlreichen Roßkastanienalleen entlang den Schneisen.

Besetzt war das Wildgatter mit Rot- und Damwild. Die Geweihbildung beider Wildarten war gut. Das Rotwild, zweifellos bodenständig wie überall früher in der hessischen Rheinebene, entsprach in seinem Typ der Tieflandrasse. Es waren aber auch in der eingefriedeten Kranichsteiner Wildbahn wie überall im Lande Übergänge zwischen den Rotwildschlägen festzustellen, denn mehrfach wurde auswärts eingefangenes Wild, besonders im 17. Jahrhundert, der Blütezeit des höfischen Jagdwesens mit seinen Parforcejagden und eingestellten Jagen, anderswo ausgesetzt, sei es zum Zwecke, möglichst hohe Strecken zu erzielen oder auch zur »Blutauffrischung«. Was dabei ein, allerdings wohl hervorragend veranlagter, Mittelgebirgshirsch bei günstigen Äsungsverhältnissen zu leisten vermag, hat der sogenannte »Battenberger« bewiesen, von dem eine Abwurfstangenreihe, zuletzt als gerader 32-Ender, im Jagdschloß Kranichstein hängt.

Das schädelechte Geweih ist leider nicht mehr vorhanden. Im Jahre 1813 wurde es von einem französischen General nach Frankreich mitgenommen. Im ersten Weltkrieg bei der Besetzung eines dortigen Schlosses durch deutsche Truppen fand man es wieder auf und bot es dem damaligen Großherzog Ernst Ludwig von Hessen an. Dieser lehnte die Rücknahme jedoch ab. Er betrachtete das Geweih, nachdem es ein Jahrhundert in dem französischen Schloß gehangen hatte, als dessen nunmehriges Inventar. Er wollte sich kein fremdes Eigentum aneignen. Dieser Hirsch, der wegen seiner für die dortige Gegend ungewöhnlichen Geweihbildung als noch junger Sechzehnender schon länger aufgefallen war, wurde im Bromskirchener Forst des Oberforstes Battenberg im Jahre 1762 als Achtzehnender eingefangen und auf Anordnung von Landgraf Ludwig VIII. nach Darmstadt gebracht. Im Kranichsteiner Gatter lebte er noch etliche Jahre, hatte wohl auch Gelegenheit, sich zu vererben.

Eine Besonderheit des Wildparkes stellten die immer wieder

auftretenden »weißen Hirsche« dar. Sie waren keine Albinos, sondern die helle Farbe vererbte sich, denn es wurden von roten Tieren immer wieder einmal weiße Kälber gesetzt. Reinweiß war die Farbe übrigens nicht, eher weißgrau, wirkte jedoch in der Wildbahn weiß. Den hellen Stücken fehlten die roten Lichter, das untrügliche Kennzeichen der Albinos. Die Lichterfarbe entsprach der des normalen Rotwildes. Inwieweit diese Farbvarietät eine konstante Rasse darstellt oder ursprünglich von Kreuzungen mit anderen Hirscharten herrührt – zu denken wäre dabei an den sehr hellfarbigen Tibethirsch –, ist bis jetzt nicht geklärt. Bekannt aus alten Akten ist lediglich, daß früher einmal weißes Rotwild aus Balmoral in Schottland nach Kranichstein verbracht worden war.

Die beiden letzten weißen Kranichsteiner Hirsche wurden 1936 und 1937 als Zwölfer und Vierzehnender erlegt, und zwar beide durch Landesforstmeister Staatsrat Dr. h. c. Karl Hesse. Dieser leitete die Forstverwaltung des Volksstaates Hessen rund zwei Jahrzehnte lang und jagte mit Vorliebe im Wildpark Kranichstein. Als nun unter Hitler der Gauleiter der NSDAP für Hessen und Nassau, Jakob Sprenger, zum Reichsstatthalter im Volksstaat Hessen bestellt wurde und damit zum Chef der Landesregierung, wollte er Hesse gerne loswerden, weil er wußte, daß dieser kein Nazi-Anhänger war. Das gelang aber nicht, weil Hesse als sehr geschickter und erfahrener, diplomatisch gewandter Verwaltungsbeamter keinerlei Anlaß für eine Abschiebung bot. Da hoffte Sprenger offensichtlich auf die alte Sage vom Zlatorog, wonach der Jäger, welcher ein weißes männliches Stück sonst normalerweise dunkel gefärbten Schalenwildes erlegt, innerhalb eines Jahres sterben muß. Die absolute Verfügung über die Freigabe der Hirschabschüsse im Lande Hessen hatte er sich sowieso vorbehalten, also gab er nacheinander die beiden weißen Kranichsteiner Hirsche Hesse frei, der sie zwar auch prompt erlegte, jedoch erst im 85. Lebensjahr 1967 in Darmstadt starb.

Der traditionsreiche Kranichsteiner Wildpark nahm in der ersten Nachkriegszeit 1945 bis 1947 ein trauriges Ende. In der schlimmsten Brennholznot wanderte der stabile Holzzaun in die Öfen der umliegenden Ortschaften, nachdem vorher schon das Wild von den Besatzungssoldaten rücksichtslos abgeschossen worden war. Kleine Reste, denen es gelungen war, dem Gemetzel zu entkommen, geisterten in den benachbarten Waldungen herum, suchten aber immer wieder die vertrauten Einstände im Gelände des früheren Wildparkes auf. Besonders das Rotwild erwies sich als standorttreu, das Damwild vereinigte sich allmählich mit dem der freien Wildbahn der Mainebene. Wenn früher im ehemaligen Wildpark 200 bis 250 Stück Rotwild gestanden hatten, so wurden auf der ganzen, den alten Park und die angrenzenden Waldungen umfassenden 6500 ha großen Fläche im Jahre 1953 höchstens 25 Stück Rotwild gezählt. Aus Gründen der alten Jagdtradition, um die wertvolle Kranichsteiner Rotwildrasse vielleicht noch in die Zukunft hinüberzutreten und den Darmstädtern ihr traditionelles Erholungsgebiet, ihren geliebten »Park«, wenigstens zu einem Teil wiederherzustellen, ließ ich 1955 einen Teil des ehemaligen Wildparkgeländes mit Drahtknotengitter wieder einfriedigen. Das Knotengatter läßt Sauen und Rehwild durch, nicht aber Rotwild. Auch nur dieses soll in dem Gatter gehalten werden. Damwild ist nicht darin, sondern im Forstamt Kranichstein nur in der freien Wildbahn.

Die frühere Parkfläche auch nur in annähernder Größe wiederherzustellen, scheiterte, abgesehen von den Kosten, daran, daß die einstige durch ihn hindurchführende Kreisstraße Darmstadt–Messel zu einer sehr stark befahrenen Fernverkehrsstraße ausgebaut worden war. Somit konnte für das neue Wildgatter nur noch eine Fläche von 513 ha in Frage kommen, und zwar zwischen Schloßpark, der vorerwähnten Fernverkehrsstraße, einer anderen ebensolchen von Darmstadt nach Dieburg, welche bereits den ehemaligen Park im Südosten begrenzt hatte, und der Eisenbahn Darmstadt – Aschaffenburg. In das neue Gatter wurden eingesetzt ein Schmaltier aus dem Dill-Bergland, zwei beschlagene Tiere und ein Sechzehnender Rominter Herkunft aus Springe.

Im ersten Jahr seines Bestehens wurden Einsprünge eingerichtet und nach der ersten Brunft das Gatter wieder geschlossen, in der Hoffnung, daß draußen umherziehendes Wild und suchende Hirsche zu den früheren Brunftplätzen zurückzugelangen versuchen würden. Das ist auch eingetroffen, wie sowohl das Fährtenbild an den Einsprüngen als auch die Wildzählung erwies. Eingesetzt waren die erwähnten drei Stück Kahlwild, von denen die beiden Alttiere je ein Kalb bereits im Gatter gesetzt hatten, der Sechzehnender und ein in dem Revierteil zufällig stehender Spießer vom 2. Kopf, gerade als der Zaun aufgestellt wurde, im ganzen also sieben Stück. Gezählt wurden aber nach der Brunft etwa 20 Stück Rotwild. Auch das Brunftkonzert war schon wieder recht gut gewesen, wie wir zu unserer Freude registrierten.

Meine Absicht, mit Hilfe des nun wieder im Gatter befindlichen autochthonen Kranichsteiner Rotwildes Verdrängungszucht zu betreiben, um den ursprünglichen Phänotyp erneut zu erzielen, versprach also schon damals Aussicht auf Erfolg, wie er dann auch später tatsächlich zu verzeichnen war. Dieses war auch der Grund, weshalb ich den Abschuß des bei Erstellung des Gatters gefangenen Spießers vom 2. Kopf sperrte, auch als er als 3. Kopf ein Achtergeweih mit nur angedeuteten Augsprossen trug, obwohl er aller Regel nach ein bereits in der Jugend abschußnotwendiger Hirsch gewesen wäre. Mir war aber die Kranichsteiner Erbmasse zunächst wichtiger. Mit dem 4. Kopf trug er bereits Eissprossen, die allerdings länger waren als die immer noch zu kurzen Augsprossen, mit dem 6. Kopf war er Vierzehnender. Als er im Jahre 1965 im 12. Kopf ein Zwölfergeweih trug, erlegte ich ihn am 5. Oktober in der abklingenden Brunft, nachdem ich am 30. Juni vorher wegen Erreichung meiner eigenen Altersgrenze in den Ruhestand getreten war. Das Geweih brachte 180,5 Internationale Punkte mit 5,9 kg Gewicht bei normal gekapptem Schädel. Im Körperbau übertraf er alle anderen Hirsche. Die hessischen Hirsche wiegen ohne Haupt bahnfertig gegen Ende der Brunft durchschnittlich 100 kg, mein Zwölfer 130 kg! Auch so etwas kann aus einem in der Jugend in die Klasse IIc fallenden Hirsch einmal werden!

Man sollte es kaum glauben, und ich hätte das auch nicht erwartet, daß ich für die Erlegung dieses Hirsches in dem 513 ha kleinen Gatter ganze elf Früh- und Abendpirschen benötigen würde. Das kam aber daher, daß der Hirsch kraft seiner Masse alle anderen Hirsche abgeschlagen und sich so ziemlich sämtliches Kahlwild zusammengetrieben hatte. Er wechselte mit seinem Rudel von annähernd 30 Stück von einem Brunftplatz zum anderen, man mußte ihm dauernd nachpirschen. Dabei wurde man von einem Stück des zahlreichen Kahlwildes sicher eräugt, und dann ging die Reise weiter. Beihirsche hielten sich in respektvoller Entfernung, deren stärkster war ein gerader Zwanzigender etwa vom 8. oder 9. Kopf mit einem Geweih wie im Bilderbuch und weißen aufstrebenden Enden wie Kerzen. Im übrigen hatte der starke Zwölfer einen recht beachtlichen Vierzehnender und einen jüngeren Sechzehnender zu Tode geforkelt, wie sich bei der Nachsuche nach meinem Schuß herausstellte.

Als ich im beginnenden Abenddämmern des 5. Oktober im Buchenaltholz an einer Schneise hinter einem Holzstoß saß, kam in etwa 120 m Entfernung das Rudel aus der Dickung gezogen, hintennach der Hirsch. Zunächst bekam ich ihn nicht frei, bis er sich halbspitz stellte, in meine Richtung äugend. Ich trug ihm die Kugel schräg Blatt an. Er quittierte sie mit starkem Zusammenzucken, torkelte einige Augenblicke herum und verschwand mit dem Rudel. Wegen der hereinbrechenden Dunkelheit ließen wir das Wild in Ruhe. Der mich begleitende Forstamtmann meinte, man brauchte den Hirsch in der Dickung am anderen Morgen nur aufzulesen. Früh am nächsten Tage waren wir dann auch am Ort der Tat. Am Anschuß mächtige Ausrisse, Schnitthaar, aber kein Schweiß, in der Dickung kein Hirsch. Also Hund her! Meine eigene alte, auf der Schweißfährte bewährte Gordonsetterhündin war im Herbst des Vorjahres in die ewigen Jagdgründe übergewechselt.

Als ich mit dem Oberförster der Nachbarförsterei und seinem Hund im Wagen auf der Bornschneise, an der ich weiter vorn beim Schuß gesessen hatte, ankomme, begegnet uns ein Waldarbeiter, der meldet, daß er einen einzelnen, sehr starken Hirsch in dem einen halben Kilometer vom Anschuß entfernten Erlenbruch sitzend gesehen habe und daß der Hirsch beim Näherkommen schwerkrank und mit schlenkerndem linken Vorderlauf fortgezogen sei. Auch der Hund fand weder am Anschuß noch in der Fährte Schweiß, führte aber an eine angehende Kieferndickung, wieder etwa einen halben Kilometer von dem Wundbett im Erlenbruch weiter, aus dem der Hirsch aufgemüdet worden war und wo sich auch etwas Schweiß gefunden hatte. Der Fangschuß auf den Hals beendete die Nachsuche, als der Zwölfer über eine Lücke in den jungen

Kiefern humpelte. Mein sonst sehr zuverlässiges Teilmantel-Rundkopf-Geschoß, 26 mm lang, 12,7 g schwer, aus der Patrone 8×57 IS mit 3,25 g Pulver R 5, hatte bei kalibergroßem Einschuß schräg spitz von vorn auf dem linken Blatt die Blattschaufel zertrümmert, ohne Ausschuß. Deshalb auch so wenig Schweiß.

Eines der besten Jagdgebiete in der früheren althessischen Provinz Oberhessen war der Romröder Forst. In dem Städtchen Romrod steht noch ein altes Jagdschloß der hessischen Landgrafen. Vor 1848 und der nachfolgenden rotwildfeindlichen Gesetzgebung wies auch dieser Forst einen guten Rotwildstand auf. Mehrere Ridingersche Stiche mit Romröder Hirschen zeugen davon. Bis zum Reichsjagdgesetz war der Romröder Forst rotwildleer, dann aber ist es alsbald wieder zugewechselt und hat die altüberlieferten Einstände und Brunftplätze eingenommen. Zunächst wollte man dieses Waldgebiet rotwildfrei halten. Das konnte aber kein noch so radikaler Abschuß bewirken wegen des dauernden Zuzuges aus dem unmittelbar im Süden angrenzenden Rotwildgebiet Vogelsberg. Es ging nicht an, das Rotwild im Forstamt Romrod abzuschießen, wollte man den auch qualitativ hochwertigen Bestand des Vogelberges nicht vernichten. Neben den rein jagdlichen Erwägungen war daneben auch ausschlaggebend, daß der Vogelsberg im Jahre 1957 als erster Naturpark in Hessen, nach dem Lüneburger Heidepark Wilsede als zweiter in der Bundesrepublik überhaupt, eingerichtet worden war und seine angestammte Fauna unverändert erhalten werden sollte. Der Forst Romrod wurde also in das Rotwildgebiet Vogelsberg mit einbezogen.

Die Geweihbildung der Hirsche war bedingt durch die Äsung des kalkreichen Basaltbodens sehr gut. In der Brunft 1963 wollte ich in Romrod einen guten, alten Hirsch strecken. Leider machte mir eine auf die letzten September- und ersten Oktobertage anberaumte große Naturschutztagung auf Bundesebene, an der ich als Vertreter der Obersten Naturschutzbehörde des Landes Hessen unbedingt teilnehmen mußte, insofern einen Strich durch die Rechnung, als mir nun für die Hirschbrunft nur deren Beginn verblieb. Die Aussichten, einen der alten Hirsche jetzt schon zu bekommen, waren deshalb nicht besonders günstig, weil diese sich mit ihren Rudeln auf den Brunftplätzen noch nicht fest eingestellt hatten.

Vier Tage hatte ich mich vom Tagesanbruch bis zur Nacht unentwegt draußen im Revier aufgehalten, ohne einen abschußreifen oder -notwendigen Hirsch gesehen zu haben.

Am letzten mir zur Verfügung stehenden Morgen, dem 27. September, war ich auch wieder vor Tau und Tag unterwegs, jedoch nichts! Bereits auf dem Rückweg, gegen 8 Uhr in einem alten Buchenbestand hangaufwärts pirschend, erscheint vor mir auf dem gleichen Pirschpfad von der anderen Hangseite heraufkommend über der Kammlinie ein Hirsch. Auf 50 Meter standen wir plötzlich einander gegenüber. Im Augenblick erkannte ich starken Körper, mächtigen Kragen und ein verhältnismäßig schwaches Geweih. Die Büchse hoch, auf dem Stich abgekommen, alles so schnell wie ein Gedanke. Blitzartig das Zusammenbrechen des Hirsches in seiner Fährte. Ich drehe mich zu dem hinter mir pirschenden Oberförster herum. Der steht wie eine Salzsäule und macht einen ganz verstörten Eindruck. Er hatte nichts gesehen, plötzlich den Schuß vernommen und im ersten Schreck gedacht, es sei etwas passiert. Vor uns auf dem Pirschpfad lag der an Wildbret sehr starke Hirsch mit einem mittelmäßigen ungeraden Zwölfergeweih vom 11. oder 12. Kopf. Das Geweih wäre immer unter der Gewichtsgrenze 4 kg geblieben. Also ein IIb-Hirsch, trotz Krone. Der kalibergroße Einschuß saß auf dem Drosselknopf, der markstückgroße Ausschuß gegenüber auf dem Hals. Obwohl der Hirsch jetzt zu Beginn der Brunft noch nicht abgebrunftet war, muß das bahnfertige Versandgewicht mit 122 kg für einen Mittelgebirgshirsch als hoch bezeichnet werden. Ich jedenfalls konnte nun befriedigt zu meiner Naturschutztagung abreisen.

Eine ganz besondere Vorliebe habe ich für das Rotwild des Reinhardswaldes. Dieser, etwa 30 000 ha groß, liegt nördlich Kassel auf einem Hochplateau, im Osten und Norden begrenzt durch die Täler der Fulda und der Weser. Ihm gegenüber auf der anderen Weserseite erhebt sich der Solling. Zwischen beiden Waldgebieten, welche allerdings beide teilweise abgegattert sind, wechselt das Wild gerne den Fluß durchrinnend. Auch drüben in den Forstämtern Neuhaus und Winnefeld habe ich gelegentlich gejagt, aber in den Reinhardswaldforstämtern habe ich mich – auch dienstlich zuständig – heimisch gefühlt, häufig und gerne aufgehalten, weil sie auch forstlich sehr interessant sind. Dieses gilt besonders für das Forstamt Gahrenberg. Dort, im über 250 Jahre alten Kurhessischen Jagdhaus, habe ich viele Tage während der Brunft gewohnt. Es besitzt nur zwei bescheidene Räume, einen Wohnraum mit kleinem Kochherd und einen Schlafraum. Aber es liegt mitten im Wald, im nächsten Umkreis hört man die Hirsche schreien. Fünf starke Hirsche habe ich im Laufe der Jahre von da aus erlegt und abends mit den Beamten des Forstamtes totgetrunken. Dabei steht nach alter Gahrenberger Tradition das abgeschlagene Haupt des Hirsches auf einem kleinen Tisch, umrahmt von Eichenbrüchen und von zwei brennenden Kerzen beleuchtet.

Mein letzter Reinhardswaldhirsch ist ein ungerader Vierzehnender vom 12. oder 13. Kopf mit 184 Internationalen Punkten. Das massige Geweih wiegt – allerdings ausgetrocknet acht Monate nach der Erlegung – nur 5,5 kg. Wie bei allen dortigen Hirschen sehen die Geweihe ihrem Volumen nach viel schwerer aus als sie tatsächlich sind. Das verhältnismäßig geringe spezifische Geweihgewicht beruht zweifellos auf der kalkarmen Äsung. Diesen Hirsch bekam ich zu meinem 70. Geburtstag von dem damaligen hessischen Minister für Landwirtschaft und Forsten frei. Am 25. September 1970 setzte ich mich in meinen bewährten Opel-Rekord und fuhr die 250 km von Darmstadt nach Hann. Münden und dann in den Reinhardswald hinauf ins Forstamt Gahrenberg zum Kurhessischen Jagdhaus. Am Abend holte mich der zuständige Forstamtmann, der mich in früheren Jahren schon begleitet hatte, ab, und wir fuhren in den Distrikt »Köhlerschlag«, ein stilles Waldtal, in dem ich bisher vier gute Hirsche erlegen konnte. Aber im Gegensatz zu ehedem, den ganzen Abend kein Ton von einem Hirsch. Das war mir völlig ungewohnt, denn der Köhlerschlag war zur Hirschbrunft immer mit am günstigsten gewesen. Abends zur Lagebesprechung an der alten Braunkohlen-Zeche fanden sich, neben zwei Ministern, einem Staatssekretär, dem Chef der hessischen Landesforstverwaltung, alle Beamten des Forstamtes ein, und alle hatten Hirsche gehört, allein ich nicht.

Darüber schien der junge Forstmeister, der den zugleich als Professor an der forstlichen Fakultät der Universität Göttingen tätigen und deshalb abwesenden damaligen Forstamtsleiter zu vertreten hatte, besonders betrübt, und er riet mir, am anderen Morgen es in einem Revierteil zu versuchen, in welchem mehrere Hirsche zu hören gewesen wären. Zugleich bat er, mich begleiten zu dürfen, dem ich selbstverständlich gerne zustimmte, allerdings mit der Bitte, daß der Forstamtmann, als mein jahrelanger früherer Jagdführer, ebenfalls mitkomme. Anderntags, dem 26. September, kurz vor 5 Uhr, waren die beiden Herren denn auch am Jagdhaus. Es war noch völlig dunkel, als wir ins Ahletal, in dem Köhlerschlag entgegengesetzter Richtung, fuhren. Nachdem wir die Wagen abgestellt hatten, folgten wir einem bei der Dunkelheit nur zu ahnenden Pirschpfad, bis zu einem neuen Hochsitz am oberen Ende eines Wiesengrundes, welcher sich kilometerlang zwischen Hochwald heraufzieht und gegenüber in einen Hang mit junger Fichtenkultur ausläuft.

Als ich mit dem Forstamtmann – der Forstmeister wollte sich weiter talabwärts ansetzen – fast unter dem Hochsitz stehe, ertönt ein Schrei ganz nahe von dem Hang mit der Fichtenkultur gegenüber. Der Stimme nach nichts Gewaltiges. Wir vorsichtig hinaufgeklettert, können den Hirsch zunächst nur schemenhaft sehen, aber nicht ansprechen. Immerhin halte ich ihn auch der Figur nach für noch nicht sehr alt. Er schreit nun ziemlich ausdauernd, hat uns also nicht wahrgenommen. Plötzlich ein tiefer, rauher Schrei unten am anderen Ende des Wiesengrundes, noch einer und näher, immer wieder die grobe Stimme. Nun ein Schrei fast unter uns, und ein Hirsch kommt die Wiese heraufgezogen, auf den jüngeren in der Fichtenkultur zu. Inzwischen hat der Tag angefangen zu grauen, ich erkenne die Gestalt eines offensichtlich starken alten Hirsches, den mächtigen Kragen, die abfallende Kruppe, das schwer tragende Haupt.

Ohne das Geweih noch genau ansprechen zu können, ist mir klar, daß es sehr gut sein muß. Und als der Hirsch an dem Hochsitz vorbeizieht, etwa 80 Meter weit, fasse ich ihn mit dem auch eben erst nur schwer erkennbaren Fernrohrabsehen vorn an. Der Schuß bricht, und der Hirsch ist verschwunden. Aber da liegt er ja auf dem Anschuß, eine Geweihstange ragt aus dem Grase. Es ist 5.45 Uhr, wir lassen es heller werden, dann baumen wir ab. Der Hirsch hat einen Schuß am Halsansatz, beim Aufbrechen nachher stellen wir fest, daß die Aorta abgeschossen ist. Daher das schlagartige Zusammenbrechen. Ein strahlender Herbsttag zieht herauf, und das Jagdhorn kündet »Hirsch tot« über den weiten Reinhardswald.

Dieser war schon Jagdrevier Karls des Großen. Auf Grund von Erbfolgen, Belehnungen, Schenkungen und Fehden wechselte er wiederholt die Besitzer. Vom 13. Jahrhundert ab gehörte er den Landgrafen, späteren Kurfürsten von Hessen. Ab 1866 kam er in preußischen, ab 1945 in hessischen Staatsbesitz. Immer war er bevorzugtes Jagdgebiet. Er trägt heute noch allenthalben den jagdlichen Stempel in Gestalt von Alleen, Jagdschneisen, Rondellen. Als Zeugen längst vergangener Zeiten, Reste der früheren weiträumig gepflanzten Eichenbestände, stehen noch viele bis 800jährige Eichen. Sie wurden als Schutz gegen Wild und Weidevieh – es bestanden ausgedehnte Weideberechtigungen – vielfach mit Fichten umpflanzt. Wo die Eiche verschwunden und die Fichten aufgewachsen sind, bilden diese die für den Reinhardswald charakteristischen »Klumpse«. Um nach 1848 das Rotwild vor der Ausrottung zu bewahren, wurden damals über 9000 ha eingegattert. So konnte das edle Wild die schweren Zeiten der Verfolgung überstehen.

Interessant ist, daß auch im Reinhardswald weißes Rotwild vorkam und sogar noch bis in die jüngste Zeit immer mal wieder Einzelstücke gesehen wurden, von dem im Gegensatz zum Kranichsteiner bis jetzt nicht ergründet werden konnte, woher es stammt und wann es eingeführt wurde. Merkwürdigerweise ist es nicht im eingegatterten Teil, sondern nördlich davon in völlig freier Wildbahn im Bereich des Forstamtes Karlshafen und des aufgelösten Forstamtes Gieselwerder vorgekommen. Dort ist der Wechsel zwischen Reinhardswald und Solling über die Weser nicht behindert wie im Süden durch die Abgatterungen.

Schlußwort

Am Ende meiner Ausführungen sei mir noch ein Wort gestattet zu der zwar nicht neuen, in der jüngsten Zeit aber sehr stark wieder aufgelebten Forderung von Vertretern des Naturschutzes, die Jagd diesem unterzuordnen. Ich glaube hinreichend, belegt durch beweisbare Tatsachen, ausgeführt zu haben, daß die Interessen sowohl der Jagd als auch des Naturschutzes in vielfacher Hinsicht gleichwertig und gleichgerichtet sind. Eine Unterstellung irgend einer Seite unter die andere kann daher nicht in Frage kommen.

Unbedingt anzustreben dagegen ist eine enge vertrauensvolle Zusammenarbeit! Die frühere hessische Regelung, Jagdwesen und Naturschutz in der obersten Landesbehörde in Personalunion zusammenzufassen, erscheint mir daher zweckmäßiger als die später durchgeführte Trennung, dafür sprechen jedenfalls die Erfolge!

In diesem Sinne sollen auch die vorstehenden Blätter richtungweisend sein ebenso wie für die weitere Entwicklung des Jagdwesens und die Aufgaben der Jäger. Fest steht, daß zahlreiche, heute laut von allzuvielen Menschen erhobene Forderungen auf dem Gebiet des Natur- und Umweltschutzes längst durch die Jägerschaft bereits verwirklicht worden sind. Es ist ein großes Übel, daß viele sich bemüßigt fühlen, Jagd und Jäger zu beurteilen, ohne daß sie davon eine Ahnung haben. Die Jägerschaft hat niemals eine gegensätzliche Stellung gegenüber dem Naturschutz eingenommen. Sie war und ist im Gegenteil stets bereit, für den Schutz der Natur und des ihr allerdings am meisten am Herzen liegenden Teiles, nämlich des Wildes und der sonstigen freilebenden Tierwelt, nach Kräften einzutreten.

Möge außerdem mein Buch bei dem einen oder anderen bisherigen Kritiker von Jagd und Jägern Verständnis für deren Wesen, ihre Arbeit und ihre Aufgaben wecken. Seither jagdfremde Ökologen, Biologen und auch Forstwirte will es in dem Sinne ansprechen, indem es als Bilanz eines langen Wirkens als Forstman und Jäger abgefaßt wurde. Dem lesenden Jäger mag es vielleicht etwas Freude bereiten und in ihm eigene Erinnerungen wachrufen.